波致海床响应对浅水波传播演变规律的影响研究

童林龙　张继生　孙　可◎著

河海大学出版社
HOHAI UNIVERSITY PRESS
·南京·

图书在版编目(CIP)数据

波致海床响应对浅水波传播演变规律的影响研究 / 童林龙，张继生，孙可著. -- 南京 ：河海大学出版社，2022.3

ISBN 978-7-5630-7475-4

Ⅰ. ①波… Ⅱ. ①童… ②张… ③孙… Ⅲ. ①海床—土动力学—影响—浅水波—海浪传播—研究 Ⅳ. ①TV131.2

中国版本图书馆 CIP 数据核字(2022)第 032182 号

书　　名　波致海床响应对浅水波传播演变规律的影响研究
BO ZHI HAICHUANG XIANGYING DUI QIANSHUIBO CHUANBO YANBIAN GUILÜ DE YINGXIANG YANJIU
书　　号　ISBN 978-7-5630-7475-4
责任编辑　张心怡
特约编辑　金　怡
责任校对　周　贤
封面设计　徐娟娟
出版发行　河海大学出版社
地　　址　南京市西康路 1 号(邮编:210098)
电　　话　(025)83737852(总编室)　(025)83786934(编辑室)
(025)83722833(营销部)
经　　销　江苏省新华发行集团有限公司
排　　版　南京布克文化发展有限公司
印　　刷　苏州市古得堡数码印刷有限公司
开　　本　718 毫米×1000 毫米　1/16
印　　张　10
字　　数　188 千字
版　　次　2022 年 3 月第 1 版
印　　次　2022 年 3 月第 1 次印刷
定　　价　68.00 元

前　言

PREFACE

我国拥有漫长的海岸线和广阔的领海及海洋专属经济区，防治海洋灾害与开发和利用海洋资源是发展海洋经济和建设海洋强国的重要组成部分。海岸工程建设是海洋灾害防治和开发与利用海洋资源的基础。在恶劣的海洋环境中，海岸工程建筑物受水动力荷载作用可能发生破坏，其中波浪荷载是引发海洋灾害和工程建筑物破坏的主要动力因素之一。

在近岸地区，随着相对水深的减小，波浪由深水波转变为浅水波，破坏力强的浅水波通常具有强非线性特征。与深水波相比，浅水波传播过程中海床表面所形成的动水压强较大，其传播特性会受到地形约束作用，演变机制十分复杂。在动水压强作用下，海床土体动力会发生显著变化，例如形成渗流、发生床面变形和海床土体液化等。此外，海床土体动力响应与海床土体的组成密切相关。

不同海岸地区的地质条件、沉积环境和固结状态存在差异，海床类型差异很大。以我国为例，海岸构成包括砂砾质海岸、砂质海岸、粉砂淤泥质海岸和生物海岸等类型。对于沙砾质海床，其组成颗粒较粗，海床土体渗透性良好，渗流流速较大。对于中砂和细砂质海床，浅水波作用下海床泥沙容易发生冲刷变形，形成沙纹地形特征；而粉砂淤泥质海床在波浪荷载作用下土体容易发生液化，由于其海床土体组成颗粒很细，液化层内流体通常具有高黏度特征。因此，结合海床土体类型特征，研究不同类型海床上海床土体动力响应特征具有重要意义。

传统浅水波理论中通常假定海床为刚性不可渗透介质，在此基础上建立的浅水波理论无法考虑海床土体动力响应对浅水波传播特性的影响。为了克服上述研究不足，本书在前人研究的基础上，考虑海床动力响应对浅水波传播演变规律的影响，推导了改进的浅水波方程，并通过半解析方法进行了求解，探讨了波浪条件和海床条件对浅水波传播特性的影响，可以为浅水波的高精度预报、海岸工程选址及海工建筑物的稳定性评估提供一定的理论基础。

本书的出版获得了国家自然科学基金项目(No. 52101309)、全国博士后创新人才支持计划(No. BX20190105)和中央高校基本科研业务费专项资金(No. B200202062)资助，在此特表感谢。

主要符号表

符号	物理意义
x	笛卡尔坐标系水平坐标
z	笛卡尔坐标系垂向坐标
t	时间
Z	坐标变化 $Z=z+1$
a	波幅
a_0	特征波幅
H	波高
H_0	特征波高
T	波周期
η	自由液面
l_0	特征波长
ω	特征频率
k	波数
h	水深
u	水质点速度水平分量
$\bar{u}$	水质点水深平均速度水平分量
w	水质点速度垂直分量
p	水体中动水压强
u_s	海床土体速度水平分量
w_s	海床土体速度垂直分量
p_s	波浪引起孔隙水压力

续表

符号	物理意义
ρ_w	水的密度
ρ_s	土体的密度
ρ_m	液化层流体密度
u_m	液化层内流体运动速度水平分量
w_m	液化层内流体运动速度垂直分量
p_m	波浪引起液化层内压强
p_b	海床表面动水压强
ε	非线性参数
μ	频散性参数
K	孔隙流体压缩模量
G	土体剪切模量
v	泊松比
S_r	土体饱和度
g	重力加速度
Dr	相对密实度
$e_{\max}$	海床土体最大孔隙比
$e_{\min}$	海床土体最小孔隙比
e	海床土体孔隙比
n_s	海床土体孔隙率
d_{50}	海床土体中值粒径
k_s	海床土体固有渗透系数
v_w	水的运动黏滞系数
v_m	液化层流体的运动黏滞系数
v_0	底部边界层特征运动黏滞系数

续表

符号	物理意义
u_*	摩阻流速
κ_m	卡门常数
$\tilde{p}$	振荡孔隙水压力
$\bar{p}$	累积孔隙水压力
A_m	m 阶谐波波幅
φ	水质点运动速度势函数
$J_m(x)$	m 阶第一类贝塞尔函数
$Y_m(x)$	m 阶第二类贝塞尔函数
$H_m^{(1)}(x)$	m 阶第一类汉克尔函数
$H_m^{(2)}(x)$	m 阶第二类汉克尔函数
$\mathrm{ber}(x)$	0 阶第一类开尔文函数(实部)
$\mathrm{bei}(x)$	0 阶第一类开尔文函数(虚部)
$\mathrm{ker}(x)$	0 阶第一类汉克尔函数实部
$\mathrm{kei}(x)$	0 阶第一类汉克尔函数虚部
f'	f 的有量纲形式

目　录

CONTENTS

第一章

绪论

1.1 研究背景及意义

浅水波是近岸地区常见的海洋波动现象，其主要特征为水平方向特征尺度远大于垂直方向特征尺度，典型的浅水波包括线性长波、椭圆余弦波、孤立波、涌潮和海啸波等[1]。浅水波传播过程中受地形约束会发生变形、折射、反射、绕射和破碎等现象，波长、波高、频率和传播速度在传播过程中也会改变[2]。强破坏力的浅水波通常还具有较强的非线性特征，波浪的非线性作用也会对浅水波的传播规律产生重要影响[3,4]。浅水波传播过程中海床表面的动水压强较大[5]，波浪荷载为周期性动荷载，不仅会改变海床土体骨架的位移和应力，还会导致单元体的应力主轴旋转[6]，这些变化对海床土体的稳定性具有重要影响[7]。

不同海岸区域的地质条件、沉积环境和固结状态不同，海床类型存在一定差异，例如我国山东、浙江、福建、广东和广西等地区的部分海岸以及台湾东部、北部海岸以基岩海岸为主；辽宁沿海部分海岸为砂砾质海岸；辽东半岛、滦河口三角洲、山东半岛北部、海州湾北部、广东东部、海南岛（东、西、南海岸）和南海部分岛礁周围以及台湾西部海岸为砂质海岸；渤海湾、黄河三角洲、废黄河三角洲、莱州湾、南黄海辐射沙洲、长江口、杭州湾、钱塘江口、闽江口北部、韩江三角洲、珠江三角洲等地区海岸为淤泥质海岸；而福建福鼎南部、浙江苍南、海南岛东北部、南海诸岛、台湾与澎湖列岛沿岸等地区的海岸以生物海岸为主[8]。不同类型海床土体在波浪荷载作用下的动力响应特性具有很大的差异[9]，以砂质海床和粉砂质海床为例，波浪荷载作用于砂质海床，海床内的孔隙水压力和有效应力变化以周期性振荡为主，波浪作用引起的海床发生液化属于瞬态液化；而波浪荷载作用于松散粉砂质或黏土海床时，海床内孔隙水压力伴随着累积现象，时均有效应力会减小，波浪作用引起的海床液化属于累积液化（见图 1.1）[10]。

浅水波作用于海床时，其传播特性也会受到海床动力响应的影响。海床的压缩与变形[11]、海床内渗流[12]、土颗粒间的库伦摩擦[13]和海床内黏性剪切运动[14]等，都会引起波浪的能量耗散和相位偏移。根据 Sawaragi 和 Deguchi[15]的测量结果，波浪在 15 cm 厚的砾石床面上传播 3.5 m 时，波高减小幅度超过 40%，对应的波能耗散率大于 75%。Mathew 等[16]收集和分析了印度西南沿海大量的波浪观测资料，发现波浪作用下海床表面形成的淤泥层可以吸收的波浪能量可能超过 75%，甚至达到 100%。由此可见，浅水波与海床相互作用机理十分复杂，研究海床动力响应对浅水波传播特性影响机理具有重要的科学意义。

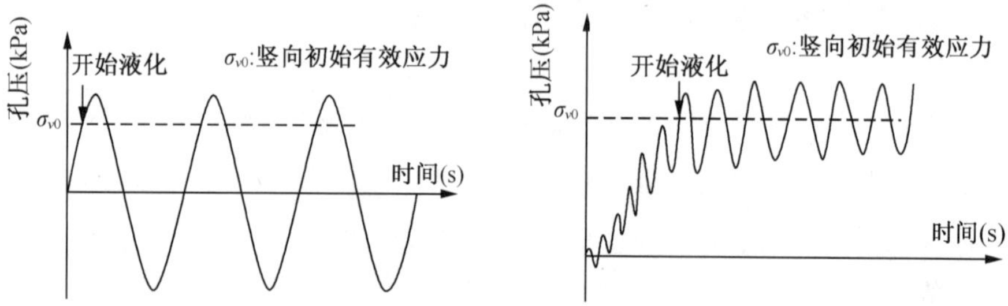

（a）瞬时液化　　（b）累积液化

图 1.1　波浪引起海床内孔隙水压力变化特征及液化机制

我国海岸线漫长，拥有广阔的海洋专属经济区，海洋资源丰富，同时我国也是遭受海洋灾害较为严重的国家之一。例如国家海洋局发布的公报数据显示 1989 年至 2008 年间，我国海洋灾害导致了 6 297 人伤亡（含失踪），造成的直接经济损失达到 2 661 亿元[17]；2001 年至 2016 年间，我国海洋灾害造成的直接经济损失也超过了 2 010 亿元。浅水波是引发海洋灾害和工程结构物毁坏的重要海岸动力因素，据量测，浅水波对海岸的压力可达到 300～500 kPa，这会对海岸工程和沿岸设施造成毁灭性破坏，巨浪甚至可以将重达 1 370 t 的混凝土块体移动 10 m，20 t 的重物从海底抛到岸上[8]。1966—1993 年的统计资料表明，我国近海及邻近海域，波高大于 6 m 的灾害性海浪的发生频率为每年 28 次，波高大于 9 m 的波浪发生频率也达到每年 5.8 次，特别在邻近渤、黄、东、南海及巴士海峡区域，每年有超过 150 天处于狂风恶浪的环境中，成为世界上最不“平静”的海域之一[8]。在我国南海地区，还有可能遭受海啸破坏，威胁岛礁工程安全。

由此可见，浅水波严重威胁着我国近岸居民的生命财产安全，是我国建设海洋强国、海洋开发和实现海洋经济可持续发展战略面临的重要挑战。研究浅水波的传播特性，对近岸波浪的高精度预报、海洋灾害防治和工程结构物的选址与安全评估十分必要，课题研究具有重要现实意义和工程研究价值。

1.2 国内外研究进展

海床动力响应对浅水波传播特性的影响机理对港口、海岸及近海工程研究具有重要意义，一直以来备受关注。海床土体动力响应特性和浅水波传播特性是本书研究的两大主体，边界层是联系海床动力响应和浅水波的纽带。前人针对海床土体动力响应机理，波浪边界层的水动力特性和浅水波的传播特性三个方面进行了大量研究，下面将对上述三个方面的研究成果分别进行综述。

1.2.1 海床土体动力响应机理研究

海洋土体结构复杂，其构成包括土骨架和孔隙流体两个部分，土骨架组成了土体的固体部分，孔隙流体又包括孔隙水和少量的气体，从而形成了由固相、液相、气相组成的三相分散系。海洋土体的孔隙流体中气体含量很低，现场测量结果表明大部分海床土体的饱和度介于 0.95～1.0 之间[18]；但是气体体积模量很小，很容易被压缩，少量的气体仍然会对土体力学性质产生重要影响，例如非饱和土中的孔隙流体的体积模量相对于饱和状态要小很多。大多数已有研究中将未发生破坏的海床视为多孔介质[19]。相比于连续介质，多孔介质在外荷载作用下的应力与应变问题更为复杂。尽管如此，前人研究过程中还是取得了许多重要的研究成果，所采用的研究方法主要包括观测方法和理论方法两大类。

1.2.1.1 海床土体动力响应现场观测及试验研究

观测方法可以直接得到波浪与土体相互作用过程中水动力和土体内部动力的变化特征，结果可信度高，这也使得直接观测方法成为研究波浪海床相互作用课题的研究手段。前人在现场观测和室内试验两个方面都开展了一些研究，相比于室内试验，现场观测开展比较困难，基于现场观测数据分析的研究成果相对较少。Okusa[20]在研究日本清水港口海床底部泥沙运动时候，观测不同深度位置孔隙水压力的变化，发现孔隙水压力的振荡幅度沿深度衰减很快，在表层区域孔隙水压力相位差的梯度较大。观测结果还表明波浪条件对振幅衰减和相位延迟有重要影响，波周期较小时，衰减更快；同时发现相位延迟角与土体的饱和度密切相关[21]。Zen 和 Yamazaki[22]在研究日本鹿岛港口海床的液化时，观测海床土体的有效应力和孔隙水压力的变化，发现有效应力和孔隙水压力均呈现周期性变化，这种形式的破坏与渗透破坏机制类似。Clukey 等[23]在研究泥沙输运机制时观测到了不同的现象，波浪荷载作用下孔隙水压力发生了累积，导致了海床液化，还发现海床液化对泥沙输运有重要影响，这种现象与水槽试验测量结论一致[24-26]。当海床液化后，土颗粒在自重作用下会再次固结，累积孔隙水压力逐渐消散[27]。

现场观测试验中水动力条件复杂多变，不利于探讨波浪荷载对海床土体动力响应的影响机理；而室内试验可以有效弥补现场观测方法的不足。按照是否考虑比尺，室内试验可以划分为模型试验和机理试验两类。对于模型试验，试验比尺是联系现场和室内试验之间的桥梁。1983 年 Yamamoto 等[13]提出了弗洛德-马赫相似准则，对于模型试验可以采用该准则和试验条件选择合适的比尺。海床动力响应与土颗粒粒径密切相关，不同级配土体的力学性质差异很大，所以对于波浪与海床相互作用试验研究很多都是采用原状土进行试验；侧重研究复杂问题背后的物理机制，比如波浪在黏土上运动时波浪能量耗散[28,29]、砂土与波浪相互作用[30,31]、粉土与波浪相互作用[32,33]、黏土与波浪相互作用[34]、混合土与波浪相互作用[35,36]。在大多数水槽试验中，砂土与波浪相互作用过程中都能观察到孔压振荡、压力幅值沿深度方向衰减以及相位延迟现象；而在粉土以及黏土与波浪相互作用中往往伴随着孔压累积特征，部分试验中观测到了土体液化现象。对于模型试验，考虑到普通波浪水槽试验中无法实现重力相似环境，所以一些学者选择在离心机环境中进行试验。Sekiguchi 等[37]在离心机中研究了驻波与砂土之间相互作用，研究表明砂土在离心机试验中也会出现孔隙水压力累积现象。Sassa 在离心机试验中探讨了波要素对土体动力响应及土体液化的影响[38]，结果表明当土体内部循环应力比超过某个临界值时，海床土体就会发生液化，这些结论与 Kirca 等[39]的波浪水槽试验研究结论基本一致。

1.2.1.2 海床土体动力响应理论研究

观测方法具有直观、可信的优势，但是同样也具有一些局限性，例如费用高、耗时长，只能观测海床内一些设定位置处的结果，研究范围通常较小等。因此，需要理论研究对观测方法进行有效补充。现有海床土体动力响应理论研究大多是基于多孔介质模型，按照是否考虑孔隙流体和土骨架之间的相互作用，理论模型可以划分为两种模式:非耦合模式和耦合模式。

非耦合模式是指在多孔介质模型中不考虑土骨架的变形。对于孔隙流体,前人研究过程中提出了两种不同的处理方式。第一种假设认为孔隙流体不可压缩且孔隙流体的加速度为零,从而孔隙流体运动满足达西定律,孔隙水压力满足 Laplace 方程[40]。但是基于该假设,模型计算的速度结果在海床和水体交界面上不连续,也无法体现土体参数对孔隙水压力分布的影响,对许多试验现象无法进行合理解释。例如在研究波浪作用下砂土内部孔隙水压力时,通过物理试验发现孔隙水压力沿着土体深度方向会出现相位延滞现象[41];不同海床条件下,孔隙水压力沿深度方向的衰减速率不同[42]等。第二种假设同样认为孔隙流体不可压缩,但在床面附近需要考虑流体的加速度影响,这类模型对应的是通用形式的达西定律,这类模型的合理性及缺陷在前面已经做了说明,这里不再赘述。第三种假定是认为孔隙流体是可以压缩的,Liu 等[43]指出当绝对压强为一个大气压时,土体饱和度由 1 减小到 0.995,则孔隙流体的体积模量将从 2.3×10^{9} Pa(纯水的体积模量)下降到 2.0×10^{7} Pa。此时,孔隙流体的压缩体积相比于渗流流量不再是一个可以忽略的小量。这类模型由 Moshagen 和 Tørum[44]提出,他们在海床模型中考虑孔隙流体的压缩变形率,在控制方程中引入一个关于土体的孔隙率和孔隙流体压缩系数的扩散项,孔隙水压力控制方程变为扩散方程。该模型结果表明孔隙流体压缩系数、饱和度和孔隙率对孔隙水压力分布有重要影响,孔隙水压力的幅值沿深度方向的衰减速度也与饱和度密切相关;同时,通过该模型可以解释孔隙水压力的相位沿深度方向有延迟的试验现象。非耦合模式下的渗流模型具有模型原理清楚,控制方程简单的优势,可以较好地描述孔隙流体在粗颗粒土内的流动特征,被许多学者广泛运用[43,45];但是需要指出的是该类模型对于土骨架变形较大的海床土体并不适用,此时需要采用耦合模式下的海床土体动力响应模型。

耦合模式是指海床土体动力响应模型中同时考虑土骨架和孔隙流体的运动和动力特征。Biot[46]在 1941 年提出了著名的 Biot 固结模型,实现了土体有效应力和孔隙水压力的耦合,该模型在土动力学研究领域引起了广泛关注。Biot 固结模型与前人提出的模型相比有很大的优越性,模型中假设土体骨架和孔隙流体都是可压缩的、土体变形是微小的、孔隙流体流动为层流,运动满足达西定律、土体内部动力满足太沙基有效应力原理、土体骨架的应力与应变满足弹性本构关系。但是 Biot 固结模型表达式较为复杂,应用于实际问题时求解比较困难,导致该模型早期未得到广泛应用。对于不同情况下的实际工程问题,Biot 固结模型可以根据是否考虑流体和土骨架的加速度进行简化，这些模型可以分为三类：准静态模型、$u-p$ 模型以及全动力模型[47]。

准静态模型中不考虑土骨架和孔隙流体的加速度，孔隙流体的压缩系数采用 Verruijt[19]提出的公式计算。基于各向同性假定，Yamamoto 等[48]在 1978 年推导了半无限空间内准静态模型的解析解，海床表面波浪荷载采用线性波浪理论解析解。解析解表明当土体处于饱和状态时，土体动力响应不受渗透性的影响且不会出现孔压相位延迟现象；而当多孔介质的刚度相对于孔隙水的刚度很大时，土体中的孔隙水压力将剧烈衰减，并且会出现相位的延迟。Madsen 通过类似方法推导了不饱和、水力各向异性海床中孔隙水压力和有效应力的表达式[49]。为了分析波浪要素和土体参数对土体动力响应的影响，Okusa 将准静态 Biot 固结方程简化为四个线性偏微分方程，通过求解发现孔隙水压力和有效应力表达式包括两个部分，第一部分的值由波浪要素决定，而第二部分取决于土体和波浪之间的关系[50]。然而上述研究中都假设海床是无限厚的，实际海床厚度有限且沿深度方向有时还会出现分层现象。为了克服前人解析理论只能计算无限厚海床动力响应的不足，Jeng 推导了均匀、有限厚度海床动力响应的解析解[51]和有限深度、水力异性海床动力响应的理论解[52]，研究结果表明水力各向异性与各自同性海床相比，孔隙水压力的计算结果可能相差 23%。Yuhi 和 Ishida[53]进一步研究了土体各向异性海床动态响应问题，指出土骨架和孔隙流体的相对运动是由第二类压缩波引起的。实际海洋环境中常常还存在水流作用，Zhang 等[54]给出了三阶 Stokes 波与水流相互共同作用时海床动态响应解析解，结果显示顺流与逆流情况相比，相对液化深度（液化深度和海床厚度的比值）的值更大且水流对海床表层土体动态响应的影响最大，这主要是由于海床表面处对海床垂向正应力的影响最为敏感。Zienkiewicz 等[55]指出对于在一般波浪荷载条件下研究海床响应问题时，不需要考虑土体骨架和孔隙流体加速度，采用准静态 Biot 固结模型是合适的，但在一些特殊波浪条件下（如破碎波作用）的海床土体动力响应必须考虑惯性项的影响，在准静态模型的基础上提出了 $u-p$ 模型，模型中考虑了土体颗粒的加速度，但是忽略孔隙流体的加速度。全动态模型是在 $u-p$ 模型基础上进一步考虑孔隙流体加速度的影响，由于全动态模型表达式十分复杂，很难通过解析方法进行求解；因此，大多数研究都采用数值解法。为了方便工程应用，Mei 和 Foda[56]对该模型进行了简化处理，提出了一种边界层模型理论，该模型中将海床分为两个部分，靠近海床表面的边界层和边界层下面的弹性层，在边界层内考虑土骨架和孔隙流体的相对运动，荷载作用下处于排水状态，而在边界层以下的土体处于不排水状态，基于该理论可以计算波浪荷载或地震荷载作用下土体动力响应问题。

耦合模型根据本构方程不同，又可以分为弹性模型和弹塑性模型。弹性模型可以用于分析试验中观测到的振荡响应机制，而弹塑性模型可以解释孔压累积现象。上述解析理论都是在线弹性本构关系的基础上进行求解的，但是解析方法只能求解简单线弹性本构问题，在处理实际复杂边界问题时也具有局限性；对于弹塑性模型采用解析方法求解通常十分困难。随着计算机应用技术的快速发展，数值计算在二十世纪七十年代以后渐渐流行起来，提出了多种数值研究方法。海床土体模型数值求解方法主要包括有限差分法(FDM)、边界元法(BEM)和有限元法(FEM)等，其中有限元法在模拟复杂曲线边界和非均质各向异性渗透介质方面比较灵活，是求解土力学问题时最常用的数值方法[9]。Magda[57]采用有限差分法对有限厚度均匀的海床进行了研究，分析了海床渗透性、压缩性和饱和度对孔隙水压力相位的影响。土体的有效应力会随深度变化，导致海床刚度沿深度方向呈现非均匀分布特征，基于有限元法，Thomas[58,59]进行了研究，研究中假设海床刚度沿深度方向线性增加，计算所得的土体有效应力和孔隙水压力和均匀海床相比相差很大。Gatmiri[60]同样采用有限元法进一步分析了海床深度、刚度、渗透系数对成层均匀分布的饱和海床土体响应的影响。Raman-Nair[61]还采用边界元方法探讨斜坡地形上海床土体的渗透性对破坏区域的影响。

当海床土体为细颗粒土时，荷载作用下土体的压缩变形往往较大且部分变形无法恢复。另外，细颗粒土的渗流通道较狭窄，排水条件较差，当土骨架受到压缩时，孔隙流体很难排出，导致土体内部孔隙水压力不断累积，此时弹性模型不能准确描述海床土体的动力响应，需要采用弹塑性模型进行研究。Sekiguchi[37]从体积变形角度进行分析，建立塑性体积变形和循环应力比之间的关系，建立了一种半经验的弹塑性本构模型。研究中通过拉普拉斯变换方法得到了该模型的基本解，模型的计算结果和驻波与砂土相互作用的离心机试验结果进行对比，结果吻合良好。在此基础上，Sassa 等[62]更具体地给出土体塑性体积变形和循环应力比之间的关系，使得该模型理论更加完备。Sekiguchi 等[37]和 Sassa 等[62]提出的模型都假定波长相对于海床厚度无限大，属于一维模型。Liao 等[63]在前者的基础上将该模型扩展到了垂向二维情况，增加了模型的适用性。然而，上述几种弹塑性模型中均未考虑海床动力响应对土体强度的影响，当海床内孔隙水压力累积时，海床土体的有效应力会降低，土体的承载力会变弱；为此，

Zhang 等[64]在 Liao 等的基础上进一步考虑了孔隙水压力累积现象对土体强度的影响，并运用改进后的模型分析了结构物周围土体的稳定性问题。Sekeguchi 等[37]和 Sassa 等[62]所提出的模型属于相位平均后的结果，还有一类弹塑性模型是在模型中综合海床土体的屈服条件、流动法则、硬化法则和加载、卸载的判别准则给出本构关系，这类弹塑性模型原理较为复杂，参数较多，且经典弹塑性模型在描述循环荷载作用下土体动力响应时并不是很合适[65]。为了克服经典弹塑性模型的不足，Bardet[66]提出通过边界面塑性理论硬化函数来描述土体中应变硬化的研究思路，这种思路也被 Dafalias 采用[67]。基于边界面模型，Yang 和 Poorooshasb[68]研究了驻波作用下海床土体的动力响应，研究发现渗透系数对海床土体动力变化有重要影响。要明伦和聂栓林[69]研究了渤海湾近海海底饱和软黏土的弱化现象。Poster 等[70]基于运动硬化理论提出一个适用性较强的弹塑性模型(PZ 模型)，相比于前人模型该模型中依赖的参数更少，基于该模型开发了 DIANA-SWANDYNE II 计算模型。Ou[71]将该模型拓展到了三维情况，开发了 DYNE3WAC 模型。但是，考虑海床土体弹塑性本构关系的模型在实际应用中海床参数在取值上十分麻烦，许多参数不方便测量；另外，这类模型在数值计算中容易发散，收敛性较差。

为了避免求解复杂的弹塑性本构方程，Seed 和 Rahman[72]基于试验结果还提出了一种经验模型来计算土体内累积孔压。该模型基于疲劳破坏理论，在扩散方程的基础上增加一个源项，在源项中引入孔压比(孔隙水压力和垂向初始有效应力的比值)与循环次数比(循环次数和振动次数的比值)的关系来描述孔隙水压力增长率。马时冬[73]将 Seed 提出的模型应用到我国南海海洋平台地基不排水条件下的累积孔压计算。但该模型是基于特定相对密度的土体而推导的一维模型，同时给出的源项表达式较为复杂，使得该模型应用存在一些局限性。McDougal 等[74]对 Seed 模型的源项进行简化，使得模型更加方便工程应用。栾茂田等[75]和 Sumer 等[76]还基于土工试验结果的回归分析，建立了源项与海床土体密实度之间的关系。为了克服该模型的一维局限性，Jeng 和 Zhao[77]将其拓展到了垂向二维情况。值得注意的是上述模型只能模拟海床土体液化前的动力响应特征。

1.2.2 波浪边界层水动力结构特征研究

边界层是高雷诺数绕流中紧贴物面的黏性力不可忽略的流动薄层，又称流动边界层或附面层。这个概念由近代流体力学奠基人 Prandtl 首先提出[2]。边界层理论把无黏性理论和黏性理论在边界层概念的基础上联系起来，统一了理论流体力学和水力学两种流体力学发展方向，自此边界层研究就成为流体力学中的一个重要课题和领域。边界层为一减速流体薄层，边界层厚度沿流动方向增大；在边界层内黏性力和惯性力属于同一数量级，均应考虑；边界层内会出现层流和紊流流态；边界层外缘不是流线，边界层和外流区之间存在质量和能量的交换，边界层的发展满足质量守恒和能量守恒[78]。边界层理论的研究内容主要包括边界层流速特征、涡旋结构、黏性应力和流动的稳定性等问题。

1.2.2.1　边界层内流速特征

波浪运动过程中边界层内水质点处于周期性往复运动状态，其边界层特征与单向水流具有一定差异，单向水流中边界层可以得到充分发展，边界层厚度较大，流速的垂向分布受黏性剪应力控制；而往复流中边界层通常得不到充分发展，只有床面附近很薄的一层受床面边界影响较大[8]。边界层的流态主要取决于边界层内的雷诺数，当波浪雷诺数小于临界雷诺数时，边界层内流态为层流；当波浪雷诺数大于临界雷诺数时，边界层开始进入紊流状态。临界雷诺数的取值与壁面的粗糙度密切相关，基于试验结果不同学者给出了不同的经验公式[79,80]。相比于紊流边界层，层流边界内的水动力结构特征较为简单，边界层内的黏性剪切应力可以通过牛顿切应力公式进行计算，简单规则壁面上流速也可以通过边界层微分方程进行求解，例如光滑的水平壁面，边界层内任一点的流速 u' 可以表达为

$$u' = \frac{1}{2}u'_m\left\{1-\exp\left[(i-1)\frac{\mathscr{U}}{\sqrt{2}}\right]\right\}\exp(ik'x'-i\omega't')+\text{c.c.} \tag{1.2.1}$$

其中，u'_m 为自由来流速度的最大值，k' 为波数，ω' 为频率，c. c. 表示前面部分对应的共轭复数，$\mathscr{U}$ 表示边界层内垂向拉伸坐标，拉伸坐标通过波浪边界层厚 δ'_w 无量纲化取得，光滑平板上波浪边界层厚度为 $\delta'_w=\sqrt{v'_w/\omega'}$（$v'_w$ 为水的运动黏滞系数）[81]。根据牛顿切应力公式可知，床面上的黏性剪切应力 τ'_b 为

$$\tau'_b=\rho'_w v'_w\frac{\partial u'}{\partial\mathscr{U}}\bigg|_{\mathscr{U}=0}=\frac{1}{2}\rho'_w v'_w u'_m\exp\left(ik'x'-i\omega't'+i\frac{\pi}{4}\right)+\text{c.c.} \tag{1.2.2}$$

其中，ρ'_w 为水的密度。因此，层流中床面黏性剪切应力与自由来流速度之间的相位差为 $\pi/4$。受黏性切应力影响，边界层内存在欧拉漂移流速，以行进波为

例，光滑床面上层流边界层内的欧拉漂移速度 u'_E 可以表示为

$$u'_E=\frac{1}{2}\frac{k'a'^2\omega'}{4\sinh^2 k'h'}\left\{3-4\exp\left[(i-1)\frac{\mathscr{U}}{\sqrt{2}}\right]+\exp(-\sqrt{2}\mathscr{U})\right\}+\text{c.c.} \quad (1.2.3)$$

其中，a' 为波幅，h' 为水深。斯托克斯漂移速度主要由迁移加速度产生，而欧拉漂移速度主要由局部加速度产生[82]；但欧拉漂移速度与斯托克斯漂移速度一样对边界层内的质量输移有重要作用。值得注意的是这些结果只适用于光滑不可渗透海床，当海床渗透性良好时，上述理论结果需要进行修正[83-85]，前人对此进行了大量研究，但是可渗透海床上流速表达式较为复杂，这里不再具体给出。根据 Ng[86,87] 的研究可知，除了海床的渗透性，海床的变形同样也会对边界层内的流速特征产生重要影响。

雷诺实验结果表明当边界层内流速增大时，层流流态很难保持稳定，对于层流边界层稳定性问题的研究，前人也做了许多工作。目前比较被认可的是托尔明-施利希廷稳定性理论[81]。其基本思想是层流边界层流过物面时，会受到一些小扰动。在层流边界层中，包含许多振幅非常小的速度脉动，其频率范围很广。在某些情况下，若某一频率的脉动得到加强，而其他频率减弱，则脉动速度在此频率下迅速增大振幅，形成托尔明-施利希廷波（简称 T/S 波），使层流不稳定，导致形成紊流。反之，如果脉动的所有频率的振幅都减弱，则层流稳定[88]。

紊流边界层内结构特征相比层流边界层要复杂很多，目前对紊流边界层还没有普遍认可的结论[8]。因此，紊流边界层的研究也是当今流体力学研究的难点和前沿。对于紊流的研究，前人主要基于两种理论，第一种是统计理论，另一种是半经验理论，统计理论和半经验理论分别发展又相互关联。统计理论中把流体看作连续介质，把流速、压力等的脉动值看作连续的随机函数，通过脉动值的相关函数和谱函数来描述紊流流动。按统计平均法，从中找出脉动结构，把各种平均值代入纳维-斯托克斯方程及其他方程，得出雷诺方程。雷诺方程中由于引入了脉动值，因此方程不封闭，基于不同的研究思路，不同的学者提出了不同的封闭方法，进而发展了不同的紊流模型，其中最为熟悉包括 k-ε 模型[89]、k-ω 模型[90]和雷诺应力传输模型[91]。需要指出的是统计理论主要用于研究均匀各向同性紊流，对紊流边界层流动并不适合；因此，目前这些模型被广泛地用于研究波浪运动规律[92,93]、波浪与水流相互作用机理[94,95]等问题。

紊流半经验理论中利用部分得到证明的假设建立雷诺应力与流场中的时均

量之间的关系，以解决紊流基本方程的封闭性问题。由于半经验理论中有些系数是从实验中求出的，用这些半经验理论算出的结果，常与实验结果比较吻合。目前常用的半经验理论包括 Boussinesq 提出的涡黏性模型理论，Prandtl 提出的混掺长度理论（动量传递理论），Taylor 提出的涡旋传递理论，von Kármán 提出的相似理论，等等[96]，并基于上述理论提出了一些普适流速分布律。这些普适流速分布律中包括著名的普朗特流速分布律（对数律）和卡门流速分布律（流速亏损律）。由于普适流速分布律在描述边界层流动时比统计理论有优势，许多学者在数值模型中将统计理论和普适流速分布律相结合以获得高精度的计算结果，例如通过 RANS 模型控制核心区波浪运动，通过对数律来计算波浪边界层内的流速[97,98]。近岸海域流动受到床面泥沙和潮流加波浪作用，多为完全水力粗糙流，前人对对数律和流速亏损律在水力粗糙流条件下的适用性也进行了研究，Yuan 和 Madsen[99] 的试验结果表明在粗糙床面上对数律仍然有效，Stenvens 等[100] 的研究结果表明在高雷诺数条件下 Yuan 和 Madsen 的结论同样成立。

值得注意的是普朗特流速分布律和卡门流速分布律都是在水流为恒定流的基础上推导的，而波浪边界层内水流流速是随时间变化的，且紊流边界层具有分区结构特征。对于非恒定流条件下边界层内流速分布规律的半经验理论研究通常是建立在 Boussinesq 假定的基础上，即

$$\tau = \rho_w {v'}_w \frac{\partial u'}{\partial w'} - \rho_w \overline{\hat{u}'\ \hat{w}'} \approx \rho_w \overline{\hat{u}'\ \hat{w}'} = \rho_w {v'}_e \frac{\partial \bar{u}'}{\partial z'} \tag{1.2.4}$$

其中，τ 为黏性切应力，ρ_w 为水的密度，v'_e 为涡黏系数，u' 和 w' 分别表示水质点速度的水平分量和垂直分量，$\hat{a}$ 表示 a 的脉动值，$\bar{a}$ 表示 a 的时均值。现有的研究结果表明边界层内涡黏系数的垂向分布与分区结构密切相关，在黏性底层涡黏系数为常数，在对数区涡黏系数呈线性分布，而在尾流区涡黏系数同样被认为是常数[96]。黏性底层相比于对数层和尾流区很薄，底层内应力以黏性应力为主。紊流的发生和能量的耗散主要在黏性底层和对数区之间的过渡区[78]。Grant 和 Madsen[101] 假定边界层内涡黏系数呈线性分布，推导了波浪与水流相互作用时边界层内流速分布的解析解。在 Grant 和 Madsen 的研究中认为涡黏系数是稳定的，不随时间变化，而 Trowbridge 和 Madsen 认为在非恒定流中涡黏系数是时间的函数，在此基础上推导了波浪运动过程中紊流边界层内流速分布的一阶解[102] 和二阶解（欧拉漂移速度）[103]。基于同样的思想 Davies[104] 还研究了波浪作用下紊流边界层内的速度结构特征。在 Trowbridge 和 Madsen

的研究基础上，Yuan 和 Madsen[105]结合理论推导和试验研究波流共存时边界层内的流速分布。根据普朗特的研究结果[106]，近岸水流的垂向分布不仅可以采用对数函数进行描述，还可以采用指数函数进行描述且相应的指数函数的一般形式为

$$\frac{u'}{U} = c\left(\frac{u'_{*}\mathscr{U}}{v'_{w}}\right)^{\frac{1}{N}} \tag{1.2.5}$$

其中，U 为特征流速，c 为常数，u'_{*} 为摩阻流速，N 为正整数。对于紊流边界层，当雷诺数介于 2×10^5 和 10^7 时，N 可取值为 7；当雷诺数介于 1.8×10^5 和 4.5×10^7 时，N 可取值为 8；当雷诺数介于 2.9×10^7 和 5×10^8 时，N 可以取 10[78]。对于近岸水流，N 取值为 7 时与观测结果较为一致。基于此，Liu[107]结合混掺长度理论和指数分布律（$N=7$），推导了指数分布特征下边界层内涡黏系数，研究了波浪作用下，紊流边界层内的非恒定流速分布特征。需要指出的是指数律通常只在外区可以较好地描述流速的分布，而对数律对内区的对数区和过渡区同样适用。

1.2.2.2 边界层内剪切应力

边界层内流速分布对床面剪切应力具有重要影响，床面剪切应力又对床面泥沙起动至关重要。因此，对紊流边界层内的床面剪切应力计算，前人也做了大量研究工作。已有关于紊流边界层内床面剪切应力的研究可以分为两类，第一类是采用摩阻系数进行计算，第二类是采用涡黏系数进行计算。由于紊流边界层内涡黏系数不是常数，理论推导过程和流速分布表达式都较为复杂，这给工程应用带来了不便。为此，Jonsson 在研究中引入了固体力学中的摩擦力概念，通过底部摩擦力概化床面黏性剪切应力对泥沙作用[79]。Jonsson 认为往复流作用下的床面剪切应力 τ_b 可以表示为

$$\tau'_b = \frac{1}{2} f_w \rho_w \left| u'_m \right| u'_m \tag{1.2.6}$$

式(1.2.6)中，f_w 为摩阻系数。一般来说，波浪摩阻系数是波浪雷诺数和相对糙度的函数。但是，基于不同的试验和观测结果，不同学者给出的摩阻系数表达式之间具有一定差异[79,108-110]。需要指出的是式(1.2.6)中假定了床面剪切应力和自由来流速度相位相同，假定和试验与现场观测结果具有较大差异[80,111]，比如式(1.2.2)表明层流状态下 τ'_b 和 u'_m 之间相位相差 $\pi/4$ 。同时，式(1.2.6)的计算

结果无法反映自由来流的空间变化对床面剪切应力的影响。

第二类床面剪切应力的计算是基于 Boussinesq 假定，对于该课题 Philip 教授团队做了大量研究工作，Liu 和 Orfila[112]假定紊流边界层内涡黏系数为常数推导了紊流边界层内床面剪切应力计算公式，但是涡黏系数为常数的假定通常是在沙纹床面边界层内对涡黏系数的一种简化处理方法。为了克服上述不足，Liu[107]再次研究了指数律（$N=7$）分布时，紊流边界层内床面剪切应力。实际外海环境中或者强非线性波浪作用下，边界层内流速的相位平均值通常不为零，属于波流共存情况。为此，Umeyama[113]和 Simarro 等[114]分别给出了波流共存时床面的剪切应力计算方法，二者研究总体思路较为一致，都认为涡黏系数只是空间的函数，与时间无关，但是二者对于涡黏系数的取值方面存在一定的差异。Umeyama[113]认为边界层内的剪切应力沿垂向是线性分布的，因此，基于混掺长度理论，边界层内涡黏系数为

$$v'_e = \kappa_m u'_* \mathscr{U}\left(1-\frac{\mathscr{U}}{h'}\right)^b \tag{1.2.7}$$

其中，b 为常数，κ_m 表示卡门常数。Simarro 等[114]研究中假定涡黏系数在边界层内呈线性分布，侧重于研究频散性波浪与水流相互作用。上述研究都着重分析与不可渗透床（壁）面上波浪对应的紊流边界层水动力特性，这些研究结果只有在渗透性弱、变形小的海床上应用时才合理。Sleath[115]通过试验发现波浪在细砾质海床上运动时，边界层内的雷诺应力分布与恒定流相比具有明显差异，Sleath[115]还指出海床渗透性会对卡门常数的取值有重要影响，根据 Sleath[115]试验结果，卡门常数取值在 0.059 至 0.15 之间，远小于不可渗透壁面上的取值 0.4。近年来，随着实验观测技术的发展，可渗透介质上紊流边界层内水动力特性成为流体力学研究领域的热点课题。Manes 等[116]通过试验也发现可渗透介质上卡门常数小于 0.4，在 Manes 等[116]的试验中，所测试的可渗透介质的卡门常数取值在 0.31 至 0.35 之间。Dalwadi 等[117]通过试验发现在渗透性强的多孔介质内，惯性力对孔隙流体运动特性的影响也不可忽略。另一方面，Efstathiou 和 Luhar[118]通过试验还发现多孔介质内的渗流对紊流边界层内的水动力结构有重要影响，当孔隙尺寸增大时，多孔介质壁面越来越接近自由滑移边界。Lamb 等[119]的观测结果同样也表明多孔介质内的渗流对紊流边界层内的流速分布产生重要影响，在可渗透介质上，边界层内流速分布的对数律需要修正。

1.2.2.3 沙纹周围水动力特征研究

当床面剪切应力足够大时，床面地形就不再稳定[120,121]，在剪切应力作用下

床面泥沙会起动。泥沙起动后在惯性作用下与水质点一起运动，并在自重作用下降落形成沙纹（见图 1.2）。沙纹形成以后，沙纹背后形成的漩涡就能起到维持沙纹的作用，漩涡水流对沙纹背面的泥沙产生向上的剪切应力，使顶峰附近能保持大于天然休止角的坡度。通过现场观测，Nelson 和 Voulgaris[123] 发现实际海域中的沙纹有时比较规则，有时比较杂乱，来波方向是决定沙纹形态是否规则的主要因素，且沙纹发育所需时间与初始床面地形、水流强度和持续时间密切相关。对于沙纹形态发育与波浪作用时间的关系，Charru 和 Hinch[124] 通过理论分析提出了沙纹形态随时间变化的经验公式。

(a) 夏威夷威美亚湾[122]

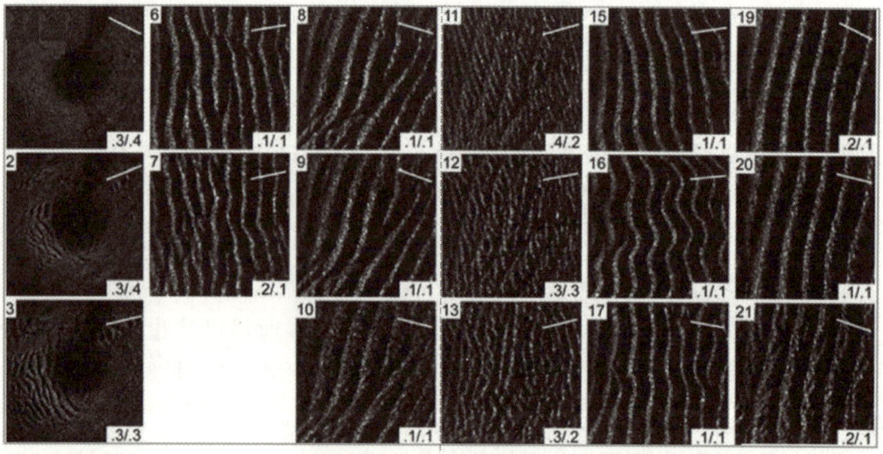

(b) 南卡罗来纳州长湾[123]

图 1.2　床面沙纹照片

沙纹形态对其周围的水动力特性有重要影响，因此，前人对波浪作用下沙纹形态特征做了大量研究[125,126]。基于试验和现场观测，前人提出了许多经验公式来预测波浪作用下沙纹的形态特征[127-129]。这些预测公式彼此之间存在一定差异，但是也具有一些共同特征，比如大多认为沙纹几何特征取决于水质点运动的轨迹半径、波周期、泥沙粒径等因素。通过与试验结果比较，Donoghue 和

Clubb[130]指出 Nielsen[131]公式可以较好地预测平整床面上沙纹的几何特征。Wang 和 Yuan[132]在振荡水洞中研究了外海流速条件下细砾质海床上沙纹的几何特征。

深入认识沙纹周围流动特性,是研究沙纹床面上泥沙运动规律和准确计算输沙量等问题的前提。为此,许多学者通过试验、数值模拟和现场观测等手段对沙纹床面边界层的水流及其紊动特性进行了研究。在试验研究方面,学者们通过激光流速仪[130]、多普勒剖面流速仪[133]、PIV 系统[134]等设备测量了沙纹周围的流速、紊动强度、床面切应力等,为认识沙纹周围水动力特性奠定了基础。为了捕捉沙纹周围拟序结构,大涡模拟、离散元方法和 NS 方程直接数值模拟(DNS)等高精度模拟方法被广泛地用于研究沙纹周围的水动力特性。例如,周志博等[135]将壁面自适应局部涡黏模型引入三维格子玻尔兹曼模型,在此基础上模拟了往复流作用下沙纹周围的流动特性。及春宁等[136]采用离散元方法研究了沙纹周围的速度变化特征及沙纹在水流作用下的演变过程。Önder 和 Yuan[137]采用 DNS 研究了不同雷诺数条件下沙纹周围的拟序结构特征。

1.2.3 浅水波的传播演变特性研究

海洋中的波浪运动属于简谐振动,按照起主导作用的回复力的特征可以将波浪划分为表面张力波、重力波、次重力波(见表 1.1)。表面张力波的特征周期 T'小于 0.1 s,特征波高 H'和特征波长 l'都很小,波浪传播过程中受底部边界条件的影响很小;而重力波和次重力波的特征周期往往较大,特征波长 l'也较长。近岸地区水深 h'较小,当重力波和次重力波传播到近岸地区时,相对水深 μ($\mu=k'h'$) 远小于 1,即 $O(\mu^2)\ll 1$,非线性参数 ε(波幅和水深之比,$\varepsilon=a'/h'$) 不再是一个可以忽略的小参数,波浪由深水波转变为过渡水深波或浅水波,并伴随着较强的非线性特征,床面附近的水质点速度和床面处动水压强急剧增大,进一步导致海床床面形态变化以及海床内流动特征发生改变,波浪和海床之间的相互作用对波浪运动和能量变化的影响不可忽略[138]。

表 1.1 海洋环境中波浪类型、物理机制和活动区域[2]

波浪类型	物理机制	特征周期	活动区域
毛细波纹	表面张力	小于 10^{-1} s	空气—水体交界面
风浪和涌浪	重力	1～25 s	空气—水体交界面
海啸	重力	10 min～2 h	空气—水体交界面

续表

波浪类型	物理机制	特征周期	活动区域
内波	重力、密度分层	2 min～10 h	不同密度层交界面
风暴潮	重力、科氏力	1～10 h	靠近岸线
潮波	重力、科氏力	12～24 h	整个海洋
行星波	重力、科氏力、纬度和水深变化	10^2 d	整个海洋

对于浅水波传播特性的研究大致可以分为两大类：第一类将海床处理为不可渗透的光滑边界，且床面法方向上速度分量为零；第二类将海床处理为可渗透介质或者连续可变形介质，床面法方向上速度分量不为零。目前，第一类模型的理论体系已经较为完善。模型通常基于流体无黏、无旋假定，将三维欧拉方程初边值问题转化为平面二维方程的初边值问题或者将二维垂向的欧拉方程初边值问题转化为水平方向一维方程的初边值问题。这些模型包括 Boussinesq 方程、KdV 方程和缓坡方程，等等[2]，其中以 Boussinesq 方程的适用范围最广，也最受研究学者青睐。对于浅水波，模型中通常引入 $O(\mu^2)\ll 1$ 假定，将速度沿垂向进行泰勒展开，代入自由液面边界条件得到不同精度的理论模型，例如，Liu[139] 和 Wei 等[140] 通过摄动方法得到了与 $O(\mu^2)$ 同阶精度的模型。在此基础上引入布西尼斯克近似，即：$O(\varepsilon)=O(\mu^2)\ll 1$，Madsen 和 Schäffer[141] 以及 Gobbi 和 Kirby[142] 提出了具有与 $O(\mu^4)$ 同阶精度的模型。Liu 和 Orfila[112] 指出传统模型忽略了床面黏性剪切应力对波浪传播特性的影响，通过波浪边界层分析，Liu 和 Orfila 计算黏性作用引起的垂向旋转速度，推导了床面剪切应力的相位解析表达式，研究了黏性对弱频散波浪传播特性的影响。当海床表面的黏性剪切应力和渗透系数较小且海床土体刚度较大时，上述模型可以较好地描述波浪的运动特征；但若海床土体组成颗粒较大或者组成颗粒和土体刚度较小，则海床表面的法向流速不可忽略，这种情况下第一类模型不能合理地描述波浪运动的特征。随着计算机计算速度的提高，通过数值求解 Navier-Stokes(NS)方程来模拟波浪运动的方法被越来越多的学者所采用[143,144]；这些模型大多数也是将海床处理为不可渗透的壁面，所以同样面临着上述不足。

相比于第一类波浪模型，第二类模型中需要计算海床表面上水质点沿法线方向的速度，但是由于海床结构和变形的复杂性，水质点在海床内(包括床面上)的运动速度并不容易求解，这也导致了第二类模型的研究进展比较缓慢[145]，而这类模型理论的研究也是波浪与海床相互作用课题研究的前沿与热点。Putnam[146]早在1949年也对这类问题进行了研究，但是作者在研究中引入了一个假定，即床面的压强可以通过第一类模型理论计算，这限制了 Putnam 模型理论的应用范围，其只适用于渗流能量损失较小的情况。为了克服 Putnam 所提出模型理论的不足，Reid 和 Kajiura[147]严格推导了线性波浪作用下海床土体内的渗流能量损失，在水体和海床交界面上满足压强和法向速度连续。然而 Reid 和 Kajiura 的模型理论中仍然存在四个不足：(1)海床表面上切线方向速度不连续，床面剪切应力趋于无穷大；(2)当海床土体渗透性较好时，床面附近的孔隙水流动不能通过达西定律描述[117,148]；(3)模型中水体核心区域通过线性波浪理论描述，在近岸地区适用性较差；(4)模型只适用于饱和海床。针对第一个研究不足，Liu[83]在 Reid 和 Kajiura 的模型基础上引入了斯托克斯边界层理论，在边界层内流体受到的黏性剪切应力不可忽略，且在对于海床表面满足切向速度连续。为了克服第二个研究不足，1979年 Dagan[149]提出通用形式的达西定律，根据通用形式的达西定律可知，对于在海床表层内的流动，水质点的惯性加速度不可忽略，而在这个边界层以外的区域孔隙水的流动可以通过传统形式的达西定律来描述。基于 Dagan 的理论，Liu 和 Dalrymple[150]对海床上的渗流能量损失重新进行了解释。但是上述研究中都没有考虑非线性项的影响，这些研究成果对于深水波具有一定的应用价值而对于近岸海域内的浅水波或过渡水深波而言并不合理[138]。而对于浅水地区波浪传播的研究，目前比较通用的是假定波浪满足布西尼斯克近似 $O(\varepsilon)=O(\mu^2)\ll 1$，而水体为无黏、无旋的理想流体，海床内孔隙流动满足达西定律。这些模型虽然克服了 Reid 和 Kajiura 模型理论的第三个不足，但是同样面临着其他三个不足；而 Hsiao 等[145]克服了 Reid 和 Kajiura 模型理论的前三项不足，在研究中结合 Dagan 模型和势流理论推导了非线性水波在饱和海床上的运动控制方程；模型假定水底黏性影响很小且 $O(\mu^2)\ll 1$。针对 Reid 和 Kajiura 模型理论第四个不足，Liu 等[43]同样做了一些研究，他们在 Packwood 和 Peregrine[138]研究的基础上考虑了土体饱和度对孔隙流体压缩性的影响，研究了海床内孔压和流速的分布规律；但是在研究波浪能量衰减时并没有考虑渗流和边界层内剪切流流速对海床表面压强的影响，同样面临着 Putnam 模型中的缺陷。近年来，随着计算机计算效率的快速提高，通过数值求解 Navier-Stokes(NS)方程和 Dagan 模型来求解波浪在海床上运动的方法也受到许多学者的青睐[151,152]，但是目前这些数值研究大都还没有考虑海床的饱和度的影响。

上述模型都是在海床土骨架是刚性不可变形的基本假定下推导的，模型计算结果对刚度较大海床适用性较好。当海床土骨架比较松散或者海床土体刚度较小时(如粉砂质海床、淤泥质海床等),刚性土骨架假定不再适用,而波浪在可变形海床上的传播特性同样十分复杂。Macpherson[153]是较早研究波浪在可变形海床上传播特性的学者,他将海床处理为连续的黏弹性介质,假定上部水体为无旋、无黏的理想流体,水体与海床交界面上满足垂向速度连续和应力连续条件,在此基础上分析了海床变形及海床内黏性耗散对波浪传播的影响。在 Macpherson 的研究基础上,Ng 和 Zhang[154]建立了两层边界层模型,通过解析方法推导了流速的一阶解和二阶解,研究了系统的质量输移问题。Mei 等[155]将黏弹性模型用于研究波浪在淤泥层上的运动特性,分析了系统的共振机制,给出了共振发生条件,推导了波高衰减和相位偏移的解。上述研究中忽略了波浪非线性的影响,而浅水波通常具有较强的非线性特征,这在一定程度上限制了模型的应用,为此 Garnier 等[156]进一步研究了非线性长波在淤泥层上的传播特性。需要指出的是海洋土体组成成分和力学性质差异较大,观测结果表明黏弹性模型可以较好地描述部分海域海床的运动及动力特性[157],但对于另一部分地区海床采用宾汉塑性模型来描述土体的应力应变关系则更为合适[158,159]。Mei 和 Liu[160]较早关注了宾汉塑性海床对波浪传播影响,根据宾汉流体的特性,他们在研究中将海床内流动划分为两个区域:剪切流区域和活塞流区域,在剪切流区内黏性剪切应力大于临界剪切应力,而在活塞流区内剪切应力小于临界剪切应力,颗粒之间保持相对静止,通过解析方法,分析了黏性剪切流动对长波能量的影响。但是 Chan 和 Liu[161]指出 Mei 和 Liu 研究中将海床划分为两层区域具有局限性,并推导了更为复杂的多层流情形下的结果。Park 和 Liu[162]还采用宾汉(弹)塑性模型研究了海床的动力特性并将理论计算和试验结果进行了比较。但是宾汉(弹)塑性模型结构相对复杂,主要用于研究弱非线性弱频散性波浪与黏性海床相互作用过程,关于强非线性强频散性波浪与宾汉(弹)塑性海床相互作用的研究还未有涉及。

综上所述,国内外学者在浅水波传播特性的研究方面做了大量的工作,对小变形、弱渗透性海床上浅水波传播特性的认识较为成熟,对波浪运动过程中海床土体动力响应和水底边界层内的水动力特性研究方面也取得了可观的成果。但是波浪在海床上运动是波浪与海床相互作用过程,前人研究过程中大多侧重于分析波浪荷载对海床土体动力响应的影响,关于海床土体动力响应对浅水波传播演变规律的影响机理的认识方面还存在一些不足。传统浅水波理论中通常假定海床表面的法向速度为零,但对于渗透性良好海床,浅水波运动过程中海床表层的渗流流速较大，假定床面上法向流速为零并不合理，基于该假定而推导的浅水波理论需要进行相应的修正。在针对海床土体动力响应过程形成的沙纹地形上浅水波传播特性研究中，传统浅水波理论通常采用摩阻系数来概化沙纹地形对浅水波传播特性的影响。这种处理方式无法描述床面剪切应力的空间变化，也无法解释流速与剪切应力之间的相位差现象。对于细颗粒泥沙组成的海床，波浪荷载作用下海床土体可能发生液化。细颗粒土体液化后形成的流体具有较强的黏性且会随波浪一起运动，从而会大幅度地吸收波浪能量，影响边界层内的流动特性，此时，传统的浅水波理论同样需要进行改进。

1.3 研究内容及方法

针对上述研究的不足，本书中采用物理试验和理论相结合的方法来研究海床土体动力响应对浅水波传播特性的影响机理。在物理试验中将观测浅水波在细砾质、细砂质和粉砂质海床上传播时海床土体内的孔隙水压力、边界层内的流速和自由液面，研究浅水波在不同类型海床上的传播特性，结合海床土体的特点和观测结果，分析海床动力响应对浅水波传播特性影响。在此基础上，建立浅水波在渗透性良好的海床、沙纹床面及液化海床上传播的半解析理论，模型中分别考虑渗流、沙纹和黏性液化层对浅水波传播特性的影响，对传统浅水波理论进行改进。通过半解析方法求解改进的 KdV 方程，探讨入射波浪条件、海床条件和沙纹尺寸等因素对浅水波传播特性的影响。

本书共分六章，第一章叙述了海床动力响应对浅水波传播特性影响机理的研究背景与意义及国内外研究现状，并总结了目前研究还存在的不足。第二章基于波浪水槽试验研究了浅水波在细砾质、砂质和粉砂质三种海床上传播特性，分析了浅水波在细砾质、细砂质和粉砂质海床上运动时，海床内孔隙水压力、边界层内流速和自由液面的变化特征，通过模态分析方法探讨了非线性和频散性对浅水波传播演变规律的影响。通过将试验测量结果与前人理论进行比较，阐明了海床土体动力响应对浅水波传播特性的重要影响。第三章基于渗流理论、边界层理论、紊流半经验理论和势流理论，建立了浅水波在渗透性良好海床上传播的数学模型，改进了传统浅水波理论，揭示了渗流对浅水波传播特性的影响机理，探讨了入射波浪条件、海床厚度和渗透性对波浪传播特性的影响。第四章基于紊流半经验理论和经验公式建立沙纹尺寸和涡黏系数之间的关系，分析了沙纹地形对边界层流动的影响。在传统浅水波理论中考虑沙纹地形的影响作用，改进了传统 KdV 方程并通过半解析方法对方程进行了求解，探讨了波浪条件、沙纹尺寸对浅水波传播特性的影响。第五章基于两层流模型理论研究了浅水波在黏性液化层上的传播特性，揭示了液化层内的黏性流动对浅水波传播特性的影响机理，推导了浅水波运动的线性解和非线性解，探讨了波浪条件、液化层厚度和液化层内流体黏度对浅水波传播演变的影响。第六章总结了主要研究成果，并给出了对未来研究的展望。

第二章

浅水波与不同类型海床相互作用试验研究

物理试验是自然科学问题研究中重要的研究手段，研究中为了揭示波浪在不同类型海床上的传播规律，分析海床动力响应对波浪传播特征的影响，在波浪水槽内开展了波浪与不同类型海床相互作用物理试验。试验通过测量和分析海床内超静孔隙水压力、水底边界层内流速及自由液面位移，分析了波浪作用下不同类型海床土体响应特征，水土交界面附近的水动力特征及自由液面位移沿波浪传播方向的变化特征，并将试验测量结果与现有理论进行了比较，也为本书理论研究提供了验证资料。

2.1 试验方案

2.1.1 试验布置

根据海床组成颗粒所属的粒径范围，本书研究工作所开展的试验可以分为三类：细砾质海床试验、细砂质海床试验和粉砂质海床试验。物理试验在河海大学港口航道工程与海岸海洋科学实验中心的二维波浪水槽中进行，细砾质和细砂质海床试验水槽的长为 35 m，宽为 0.5 m，高为 1.0 m；粉砂质海床试验水槽的长为48 m，宽为 0.5 m，高为 1.0 m(见图 2.1)。试验水槽的一端安装有液压活塞式造波机，另一端布置了多孔泡沫用于消波。通过该型号造波机可以生成波高小于 0.2 m、周期介于 0.5 s 至 3.5 s 之间的规则波或不规则波。试验中在水槽的中间底部布置有砂槽，在砂槽中填充细砾、细砂或粉砂模拟不同类型海床条件。细砾质和细砂质海床试验中砂槽长为 5.0 m，宽为 0.35 m，高为 0.2 m；粉砂质海床试验中砂槽长为 5.3 m，宽为 0.5 m，高为 0.4 m。

(a) 细砾质和细砂质海床试验水槽

(b) 粉砂质海床试验水槽

图 2.1　试验水槽

试验中采用微型芯片式孔隙水压力传感器(探头直径为 0.6 cm,长为 1.0 cm)测量海床内超静孔隙水压力,采用电容式浪高仪来测量自由液面位移。为了研究边界层附近的水动力特征,在细砾质和细砂质试验中采用小威龙剖面流速仪测量了沿波浪传播方向上四个剖面处的近底流速,所选四个剖面分别位

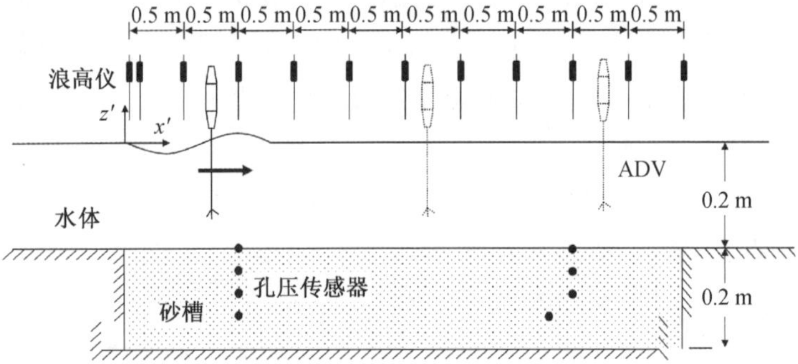

(a)细砾质与细砂质海床试验试验布置

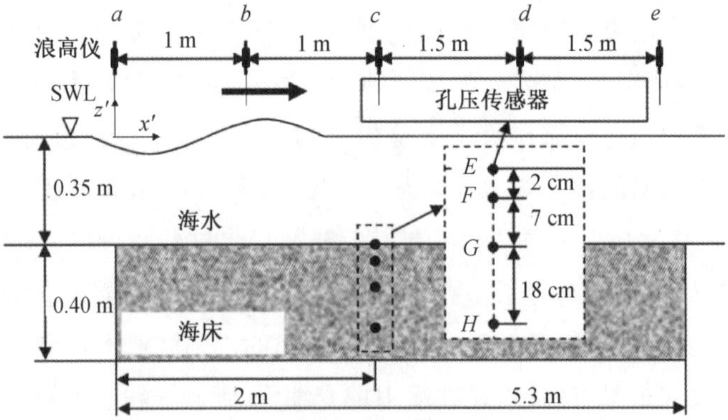

(b)粉砂质海床试验试验布置

图 2.2　波浪与海床相互作用试验示意图

于砂槽入口上游 0.5 m 处（对应的坐标为 $x'=-0.5$ m）和砂槽入口下游 0.75 m、2.75 m 和 4.25 m 处（即 $x'=0.75$ m、$x'=2.75$ m 和 $x'=4.25$ m），试验中浪高仪和孔压传感器的布置位置如图 2.2 所示。

2.1.2　土体参数

试验所用的土体为筛选的石英颗粒，包括细砾、细砂和粉砂三种等级，颗粒较为均匀。图 2.3 分别展示了筛分法所测细砂与粉砂两种土样的级配曲线，测量结果显示细砂土样和粉砂土样的中值粒径分别为 0.245 mm 和 0.042 mm，试验所测结果与厂家提供的结果基本一致。实验室中缺少测量细砾土样的网筛，采用厂家的测量结果，所提供的细砾土样中值粒径为 3.71 mm。土体其他主要物理参数在试验结束后进行取样和测量，参数测量结果见表 2.1，其中 γ_s 为土样的颗粒重度，D_r 表示相对密实度，相对密实度先用相对密实器测量土样的最大孔隙比 e_{max}、最小孔隙比 e_{min} 和土样孔隙比 e，再根据定义进行计算，计算公式为

$$D_r=\frac{e_{max}-e}{e_{max}-e_{min}} \tag{2.1.1}$$

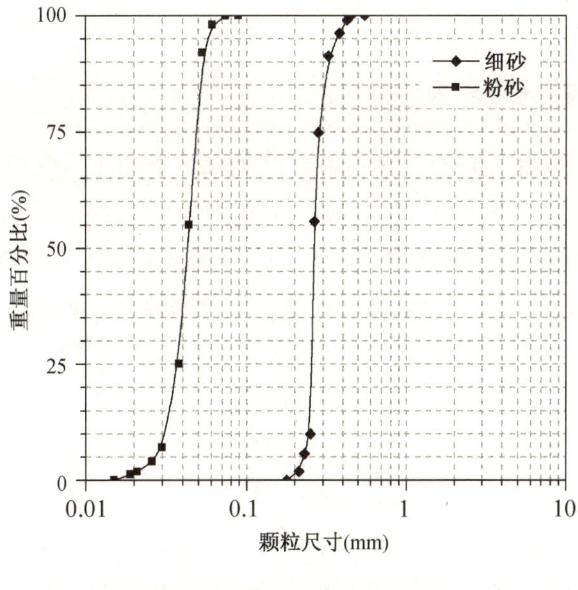

图 2.3　试验土样级配曲线

n_s 表示孔隙率，k_s 表示孔隙水在海床内的渗透系数，这里的渗透系数又被称

为固有渗透系数，与土力学中渗透系数 k_f 之间的转换关系为

$$k_s = \frac{v'_w k_f}{g} \tag{2.1.2}$$

式中，g 为重力加速度。

表 2.1　波浪与不同类型海床相互作用试验土样主要物理性质表

物理参数	符号	单位	参数取值		
			细砾质海床	细砂质海床	粉砂质海床
中值粒径	d_{50}	mm	3.71	0.245	0.042
颗粒重度	γ_s	kg/m³	2.66×10^3	2.64×10^3	2.62×10^3
最大孔隙比	e_{max}	/	/	0.91	1.10
最小孔隙比	e_{min}	/	/	0.52	0.42
孔隙比	e	/	/	0.76	0.58
相对密实度	D_r	/	/	0.38	0.76
孔隙率	n_s	/	0.39	0.43	0.37
渗透系数	k_s	m²	1.4×10^{-9}	1.9×10^{-11}	3.5×10^{-16}
	k_f	m/s	1.4×10^{-2}	1.9×10^{-4}	3.5×10^{-9}

2.1.3　试验数据测量及分析方法

试验中孔隙水压力传感器与浪高仪测量结果的相对精度均为 0.5%，两者通过 Measurement Computing™（MCC）公司的 USB－2533 采集系统及其配套的 DAQ 采集软件同步采集数据。砂土试验中孔隙水压力传感器和浪高仪的采样频率均设置为 50 Hz；粉土试验中孔隙水压力需要经过较长时间达到稳定状态，采样时间较长，孔隙水压力传感器的采样频率设置为 33 Hz，浪高仪的采样频率为 50 Hz。砂土试验中小威龙流速剖面仪由 Nortek 公司开发，仪器基于声学多普勒原理测量垂线上各点在笛卡尔坐标系中三个方向的流速分量，可以用于分析雷诺应力、紊流特征和流速剖面的分布特征与变化规律。小威龙流速剖面仪测量的流速范围设置为 0 到 0.6 m/s，测量精度为±1 mm/s，相对误差为 0.5%，试验中采集频率设置为 50 Hz，浪高仪和孔隙水压力传感器的采样频率均设为 100 Hz。根据前人的研究可知，波浪作用持续时间对海床动力响应也会产生重要影响，特别是对粉砂质海床和细砂质海床。因此，本书结合三种海床土

体动力响应特性的差异在试验中设计了不同波浪作用时间，细砾质海床试验中土体可以较快达到准静态状态，颗粒不会起动，波浪荷载作用时间设置为 3 min；细砂质海床试验中为了保证床面沙纹发育完整，将波浪作用时间设置为 2.5 h；粉砂质海床试验中波浪荷载持续作用直到埋深最大的孔隙水压力传感器所测的累积孔隙水压力达到峰值。

试验测量数据过程中通常伴随着一些高频的噪音，为了减小噪音对结果分析的影响，通过快速傅里叶变换(DFFT)方法对试验测量结果进行滤波，消去高频信号的影响。根据前人的经验，将超静孔隙水压力分解为振荡孔隙水压力和累积孔隙水压力两部分，即

$$p_s' = \tilde{p} + \overline{p} \tag{2.1.3}$$

式中，p_s' 表示土体内的超静孔隙水压力，$\tilde{p}$ 和 $\overline{p}$ 分别表示振荡孔隙水压力和累积孔隙水压力，其中累积孔隙水压力定义为

$$\overline{p}(t) = \frac{1}{T}\int_{t-T/2}^{t+T/2} p_s'(\vartheta)\,\mathrm{d}\vartheta \tag{2.1.4}$$

其中，T 表示波浪周期。

为了研究水底边界层附近的雷诺应力和质量输移，本书将流速 u' 分解为时均流速 $\overline{u'}$ 和脉动流速 $\hat{u}'$ 两部分：

$$u' = \overline{u}' + \hat{u}' \tag{2.1.5}$$

其中，时均流速定义为[113]

$$\overline{u}' = \lim_{M\to\infty} \frac{1}{M}\sum_{m=1}^{M} u'(t+mT) \tag{2.1.6}$$

式中，M 表示统计波数。根据紊流统计理论可知

$$\tau_{zx} = -\rho_w \overline{\hat{u}'\hat{w}'} = -\rho_w \frac{1}{M}\sum_{m=1}^{M}(u' - \overline{u'})(w' - \overline{w'}) \tag{2.1.7}$$

式中，τ_{zx} 表示水平方向的雷诺应力。

2.1.4 试验组次安排

水槽试验环境中，波浪作用下粗颗粒泥沙较难起动，因此本研究中将砂质海床与浅水波相互作用试验中的试验水深设置为 0.2 m。在粉砂质海床试验中将

试验水深增加到 0.35 m，使床面附近质量输移流速变弱，减少粉土液化进程中床面泥沙的冲刷。试验针对前进波进行研究，波浪周期介于 1.8 s 到 3.0 s 之间，波高介于 0.04～0.1 m 之间。各组次试验中入射波浪条件见表 2.2，其中 H_0' 为波浪在砂槽入口处的特征波高，T' 为波周期，l_0' 为特征波长（采用线性波浪计算结果）。由表 2.2 可知，试验中入射波浪条件基本符合浅水波的特征要求。

2.1.5 试验流程

试验过程大致可以分为以下几个主要步骤：

（1）准备阶段，测量砂样参数，率定试验仪器，率定造波机并生成造波文件。

（2）布置孔隙水压力传感器，在砂槽设计位置处放入支架，将孔隙水压力传感器固定在设计高度处，再将砂槽注满水。

（3）铺设海床，在细砾质与细砂质海床试验中，土体颗粒的黏性很小，沉降速度大，采用砂雨法[163]进行铺设；对于粉砂质海床，为了排出干砂孔隙内的空气，首先在容器中将粉砂与水充分混合至泥浆状，然后缓慢地将泥浆注入砂槽中，该过程重复进行四到五次，每次铺设 0.1 m 厚度左右并整平。

（4）海床固结阶段，海床铺设完成后，向水槽中缓慢注水至设计水深，然后让海床土体在静水压下固结，固结时间为三天。

（5）布置浪高仪和流速剖面仪，在水槽设计位置布置浪高仪和 ADV 并固定。

（6）开始试验，开启造波机并采集数据。

表 2.2　波浪海床相互作用试验组次表

试验组次编号	中值粒径 d_{50}	特征波高 H_0'	周期 T'	波长 l_0'	ε	μ^2
	mm	$\times10^{-2}$m	s	m		
C1	3.71	3.52	2.36	3.23	0.088	0.151
C2	3.71	5.12	2.37	3.24	0.128	0.150
C3	3.71	6.61	2.36	3.23	0.165	0.151
C4	3.71	6.65	1.42	1.85	0.171	0.460
C5	3.71	6.59	3.94	5.47	0.165	0.053
C6	0.245	3.26	1.81	2.43	0.082	0.267
C7	0.245	4.69	1.82	2.46	0.111	0.261

续表

试验组次编号	中值粒径 d_{50}	特征波高 H'_0	周期 T'	波长 l'_0	ε	μ^2
	mm	$\times 10^{-2}$ m	s	m		
C8	0.245	7.63	2.88	3.97	0.191	0.100
C9	0.042	3.94	0.98	1.38	0.056	3.317
C10	0.042	4.96	0.97	1.37	0.071	3.365
C11	0.042	5.91	1.40	2.30	0.084	0.914
C12	0.042	8.06	1.81	3.17	0.115	0.481

2.2 波浪与细砾质海床相互作用试验

试验中波浪与不同类型海床土体相互作用时，呈现出不同的响应特征。波浪与细砾质海床相互作用过程中，海床内土体颗粒位移很不明显，上覆水体十分清澈，借助水槽侧面的刻度尺可以观察到波高沿波浪传播方向衰减现象。

2.2.1 水面变化特征

波浪与细砾质海床试验中试验水深较小，波浪较长，图 2.4 中分别展示了试验组次 C1—C5 中相同相位条件下，波浪在砂槽入口处 $x'=0.0$ m(距离造波机 14 m)和在 $x'=4.5$ m 处的波形。其中子图(a)—(e)为砂槽入口处的波形，子图(f)—(j)为砂槽 $x'=4.5$ m 处的波形。由图可知，细砾质海床试验中入口处波浪均具有较强的非线性特征，其中试验组次 C4 中波形较为光滑，具有斯托克斯波的波形特征，波高较为尖陡，波谷较为平坦；而试验组次 C1 和 C2 中基本特征与 C4 相同，但是波形较为不规则；而试验组次 C3 和 C5 中波形更加不规则，特别是在波谷位置处伴随有凸起，形成极大值点，波形整体具有多个极大值，如试验组次 C3 中波形具有两个极大值点，在试验组次 C5 中入射波浪具有三个极大值点。入射波浪的上述试验结果表明相对水深条件对浅水波传播过程中波形特征的影响较为显著，当 μ^2 等于 0.460 时，波形相对规则，当 μ^2 减小到 0.151 时，强非线性波浪会出现两个极大值点，而当 μ^2 进一步减小到 0.053 时，强非线性波浪会出现更多的极大值点。根据海岸动力学理论可知，弱非线性波浪传播演变过程中波浪形态更加容易保持稳定，所以在试验组次 C4 中，砂槽入口处的波形和 $x'=4.5$ m 处的波形较为一致；而强非线性的波浪传播过程中波形会不断演变，导致试验组次 C1、C2 和 C3 中入口处波形与 $x'=4.5$ m 处的波形具有较大差异。C5 中波浪厄塞尔数最大，非线性最强，与其他三组试验相比波形特征变化更加明显，波形由砂槽入口处的三个极大值点减小到两个极大值点，且两个主峰值之间的时间间隔明显增大，相位差由 0.29 增大到 0.44。

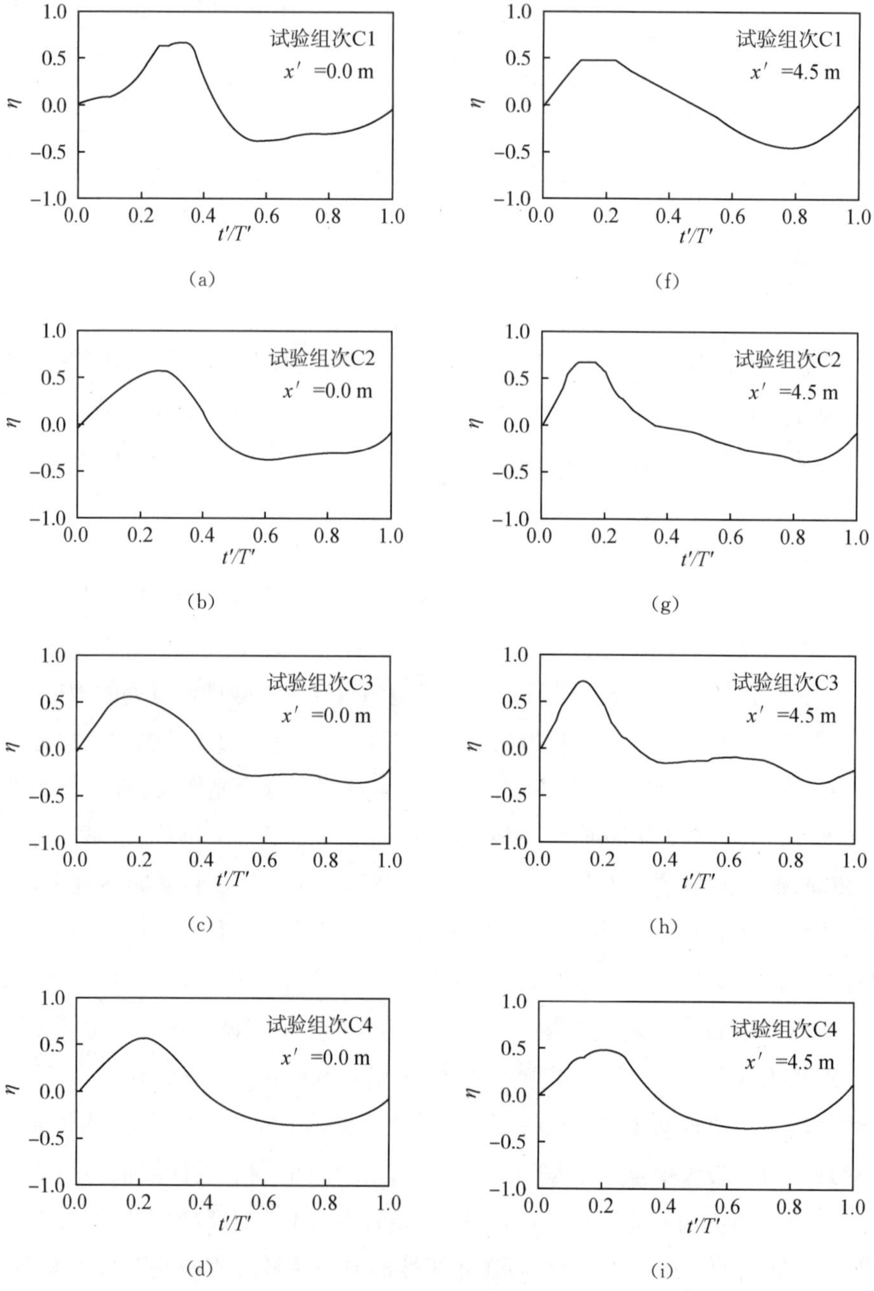

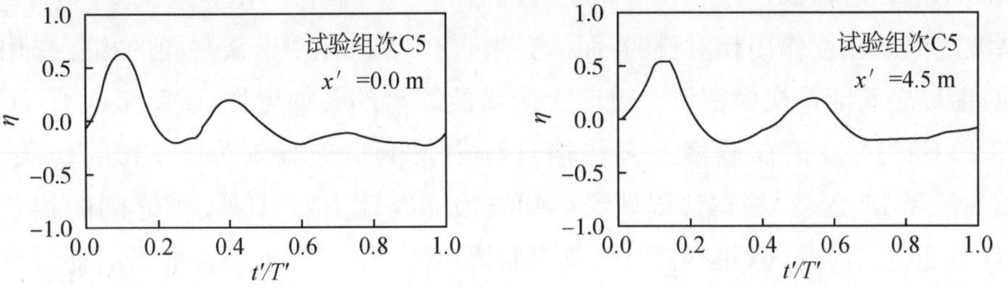

(e)　　　　(j)

图 2.4　细砾质海床试验波浪的波面变化曲线

对比试验组次 C4 中入射波在砂槽入口处和 $x'=4.5$ m 处的波形，还可以发现波高出现了明显的衰减，两处的波高差异为 0.11，波高减小了 10.1%。根据线性波浪理论，波能衰减率为 21%。对于其他试验组次，由于入射波浪频散性较强，可简单地从波浪外形估算出波浪能量的变化。为了分析波浪传播过程中，波浪能量的变化情况，本书中首先对沿程各浪高仪所测的波形进行模态分析，找出波浪各阶谐波的波高和能量，在此基础上，深入分析入射波浪在波浪传播过程中的能量变化特征。根据数学分析可知，水位变化函数在相位区间$[-\pi,\pi]$上满足狄利克雷条件，因此，水位变化函数 $\eta(x)$ 在区间$[-\pi,\pi]$上可以展开成以 2π 为周期的傅里叶级数，而且在 $\eta(x)$的连续点处，成立

$$\eta(x)=\sum_{m=-\infty}^{\infty}A_m\exp(imx)=\frac{1}{2}\sum_{m=1}^{\infty}A_m\exp(imx)+\text{c. c.}\qquad(2.2.1)$$

其中，x 为 x'的无量纲形式，特征长度为波数；η 为无量纲的水位函数，采用特征波幅进行无量纲化，A_m为复常数且 A_{-m}为 A_m的共轭复数，其实部和虚度分别为

$$\mathrm{Re}(A_m)=\frac{1}{\pi}\int_{-\pi}^{\pi}\eta(t)\cos(mt)\mathrm{d}t,\qquad m=1,2,3,\cdots\qquad(2.2.2)$$

$$\mathrm{Im}(A_m)=-\frac{1}{\pi}\int_{-\pi}^{\pi}\eta(t)\sin(mt)\mathrm{d}t,\qquad m=1,2,3,\cdots\qquad(2.2.3)$$

需要指出的是式(2.2.1)成立时要求 $A_0=0$，其物理意义为波浪传播过程中静水位高程不变，试验条件满足要求。

基于傅里叶级数理论，对试验组次 C1、C2、C3 和 C5 中沿程波形进行傅里叶级数展开，获得各测点处傅里叶级数的系数。本书中计算了前十阶谐波，更高阶谐波的能量很小，对整体波能影响可以忽略。图 2.5 中分别展示了这四个组次

试验中前四阶谐波的波幅在砂槽上方的分布。由图可知，试验组次 C1 和 C2 中谐波之间的相互作用相对较弱，而试验组次 C3 和 C5 中谐波之间的相互作用较强，谐波之间能量交换密切。对前十阶谐波能量的叠加可知，试验组次 C1、C2、C3 和 C5 中，波浪在砂槽上方传播过程中波能损失分别为 13.1%、10.3%、13.9%和 14.2%。根据势流理论可知波浪非线性主要引起谐波之间的相互作用，改变波浪形态，但并不会引起波浪能量耗散；另一方面，波浪能量的耗散也会引起波形的改变。因此，浅水波传播演变过程中不仅受非线性等因素的影响波形发生改变，也会因能量耗散而发生波形变化。

类似地，对试验组次 C4 的自由液面测量结果进行模态分析，计算结果如图 2.6 所示。由图可知，在试验组次 C4 中，波浪主要由前三阶谐波组成，可以用三阶斯托克斯波理论描述。波浪传播过程中谐波之间相互作用较弱，彼此之间能量交换不明显；前两阶谐波随着波浪的传播，波能具有一定的耗散，但是高频谐波的能量基本保持不变。这些特征表明对于弱非线性浅水波，其传播演变规律可以通过线性叠加原理进行解释。

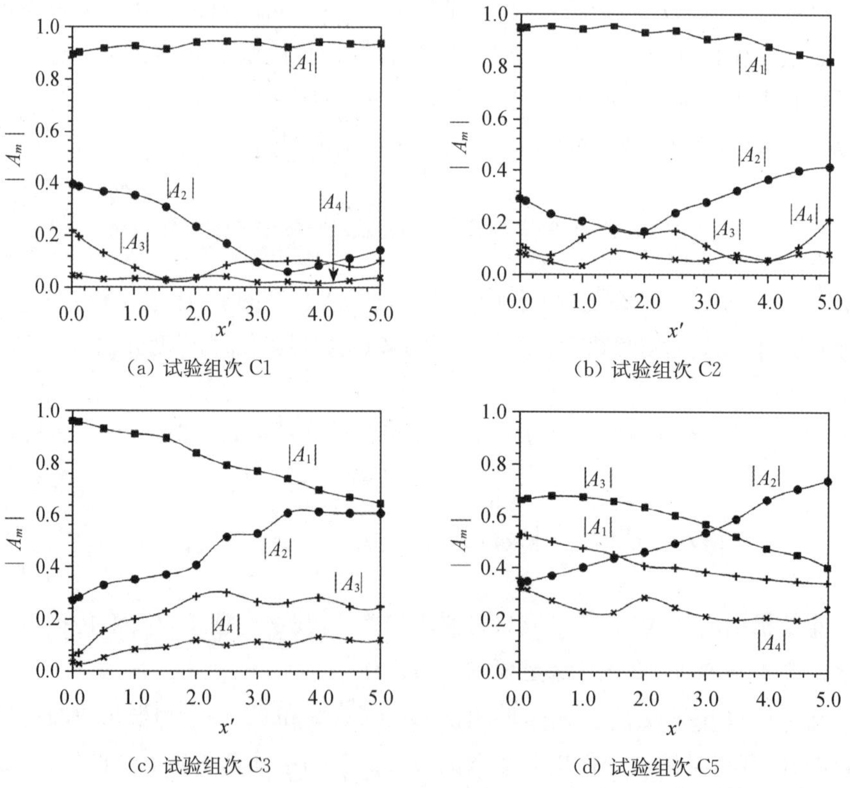

图 2.5 砂槽上方浅水波前四阶谐波波幅的空间分布

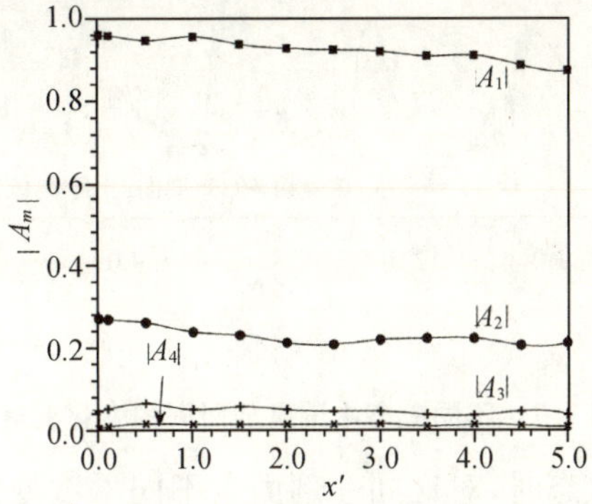

图 2.6　试验组次 C4 中砂槽前四阶谐波波幅的空间分布

2.2.2　边界层内流速特征

细砾质海床试验中，边界层内流动状态较为多样。在试验组次 C1 中边界层内的流动为层流状态(见图 2.7)，流速随时间的变化十分规律；在试验组次 C3 中同一位置处，速度在许多时刻开始出现脉动现象，根据 Carstensen 等[164,165]的研究可知，这些脉动是由过渡状态下的湍流斑引起；在试验组次 C5 中，边界内的流动状态更加复杂，已经发展成完全紊流状态。

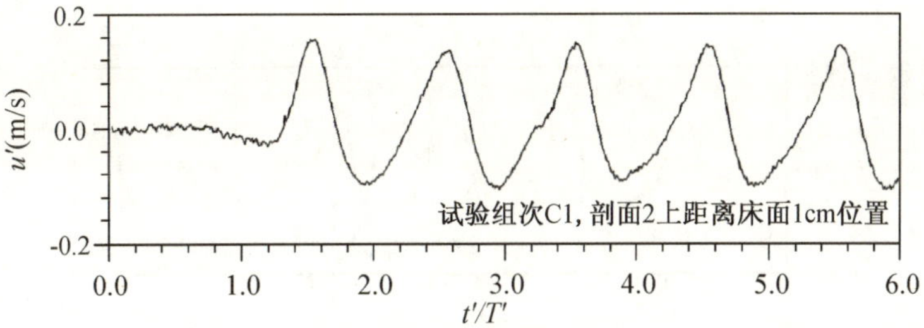

(a) 层流状态

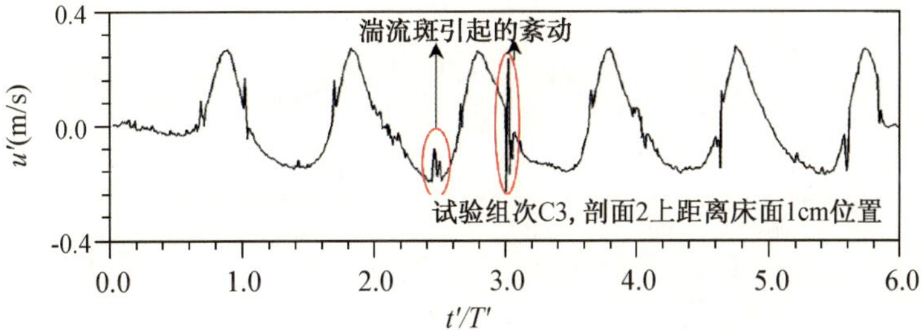

(b) 过渡状态

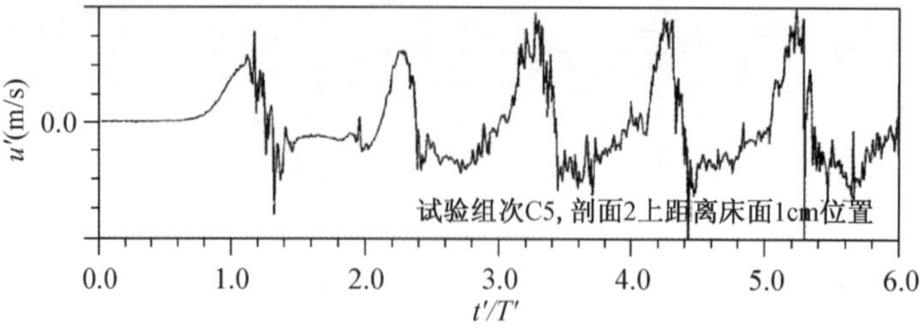

(c) 紊流状态

图 2.7　不同流态中速度随时间的变化曲线

当流体处于紊流状态时，对比同一剖面上不同深度处的速度随时间变化曲线可以发现距离床面越近，流速的紊动越强烈(见图 2.8)，这也验证了越靠近床面位置处雷诺应力越大，这主要是由于床面位置附近的速度的梯度大，剪切应力也较大。由图 2.8 还可以发现当浅水波在细砾质海床上运动时，床面处存在一个相对较小的滑移速度[见图 2.8(c)]。

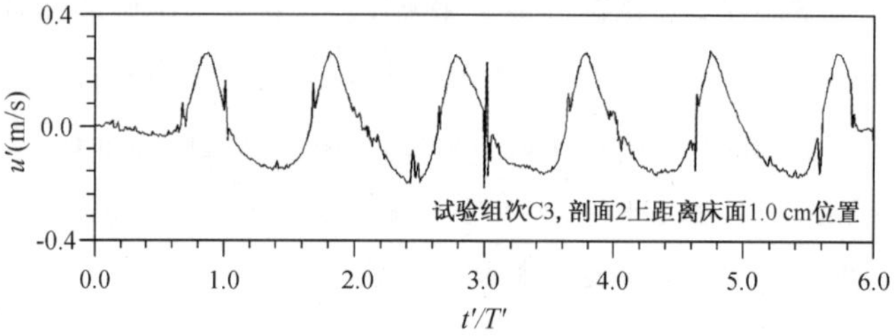

(a)

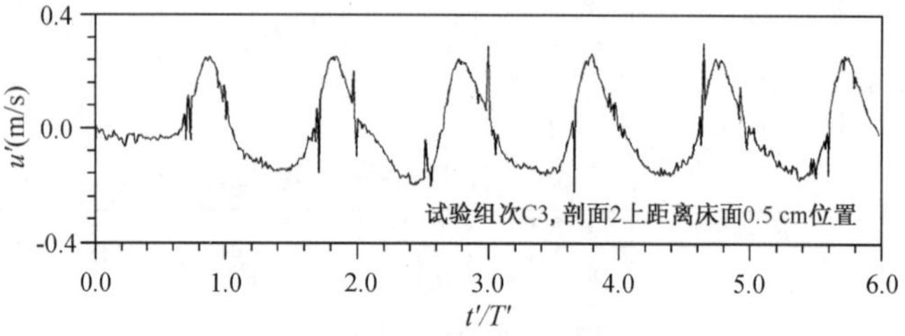

(b)

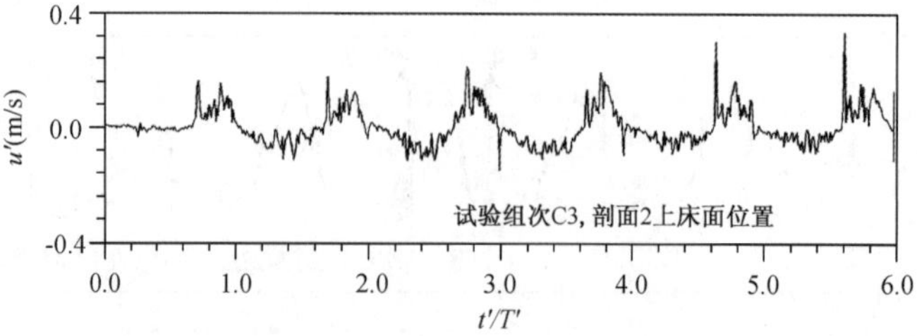

(c)

图 2.8　不同高度位置上流速随时间的变化曲线

为了进一步说明该现象，研究中根据式(2.1.6)计算了各组次试验中边界层内四个剖面上的时均流速。图 2.9 中分别给出了试验组次 C1、C3 和 C5 中速度最大值和最小值沿水深方向的分布。由图可知试验中受非线性影响，底部流速具有明显的不对称特征，例如在试验组次 C1 中边界层外缘的自由来流速度最小值 0.11 m/s 和最大值 0.14 m/s，二者之间相差 26.4%。从图 2.9 还可以发现在试验组次 C1 和 C5 中海床表面同样存在滑移速度，试验组次 C1 中滑移速度最大值为 0.004 m/s，试验组次 C3 中最大值为 0.061 m/s，而试验组次 C5 中滑移速度的最大值为 0.042 m/s。需要指出的是试验中边界层内欧拉漂移速度比较明显，图 2.9 中分离了欧拉漂移速度的影响。图 2.10 中展示了试验组次 C1、C2 和 C5 中剖面 2 处边界层，在剖面 2 处边界层外缘，C1、C3 和 C5 组次中的欧拉漂移速度分别为 0.012 m/s、0.018 m/s 和 0.024 m/s。

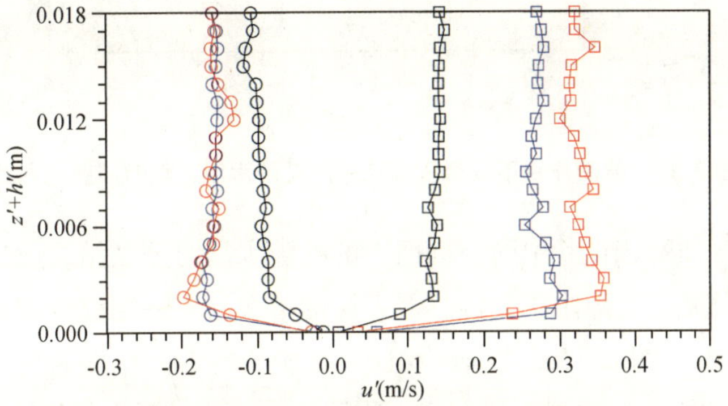

——：试验组次 C1；——：试验组次 C3；——：试验组次 C5；
□：自由来流速度最大值；○：自由来流速度最小值。

图 2.9　水平速度的最大值和最小值沿水深方向的分布

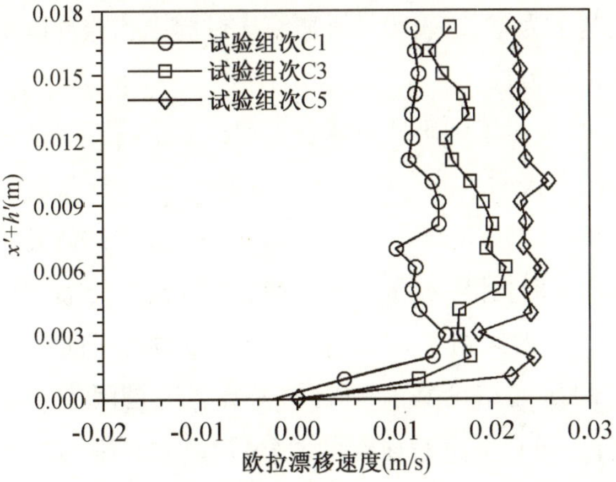

图 2.10　欧拉漂移速度在细砾质海床试验中沿垂向的分布

2.2.3 孔隙水压力响应特征

试验结果表明在波浪荷载作用下，细砾质和细砂质海床土体内的孔隙水压力变化的基本特征较为一致，但与粉砂质海床土体的孔隙水压力的变化特征具有明显差异。在细砾质海床试验中，孔隙水压力的变化以周期性振荡为主，如图2.11所示。由图可知，孔隙水压力的周期平均值保持不变；孔隙水压力随时间的变化曲线与表面波浪形态基本一致。

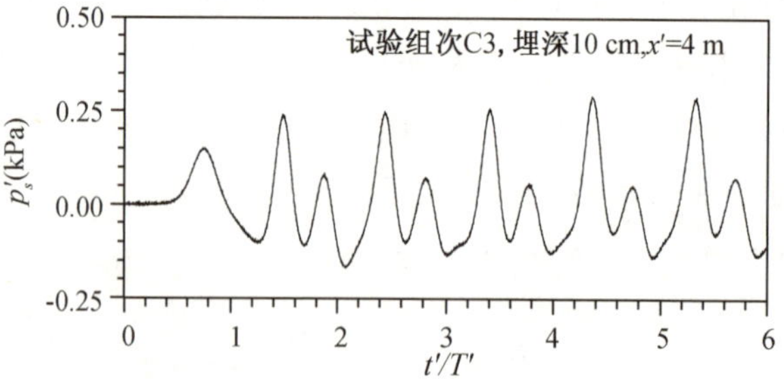

图 2.11　波浪作用下细砾质海床内的孔隙水压力随时间变化曲线

对比细砾质海床试验中同一剖面上的孔隙水压力测量结果，可以发现孔隙水压力的幅值随着孔隙水压力传感器埋深的增大会有一定程度的衰减，但是衰减幅度并不大（见图 2.12）。以试验组次 C2 中 $x'=1$ m 剖面为例，当孔隙水压力传感器的埋深由 0 cm 增大到 15 cm 时，孔隙水压力的最大值仅减小0.02 kPa，相对减小 8.1%，其他相同周期的细砾质海床试验组次中，测量结果也与试验组次 C2 类似。由图 2.12 还可以发现孔隙水压力向下传播过程中四个位置处孔隙水压力的相位差基本为零，这表明细砾质海床试验中孔隙流体高度饱和，孔隙流体的压缩波传播速度很快。

图 2.13 进一步展示了细砾质海床各组次试验中，孔隙水压力最大值的垂向分布规律。试验结果表明当波周期从 1.42 s 增大到 2.36 s 时，孔隙水压力最大值的垂向梯度减小，这与 Yamamoto 等[48]及 Madsen[49]的研究结果一致，这主要是因为波浪周期增大时，孔隙水压力有足够的时间向下传播，但是试验结果还表明当波周期由 2.36 s 增大到 3.94 s 时，孔隙水压力的垂向梯度又增大了，这与 Yamamoto 等[48]的研究结论具有一定的差异。这是因为 Yamamoto 等[48]和 Madsen[49]都是针对单色波进行研究的，当波浪具有较强的频散性时，高阶谐波的影响可能很大。以试验组次 C5 为例，根据 $x'=1$ m 处的波形可知，入射波浪

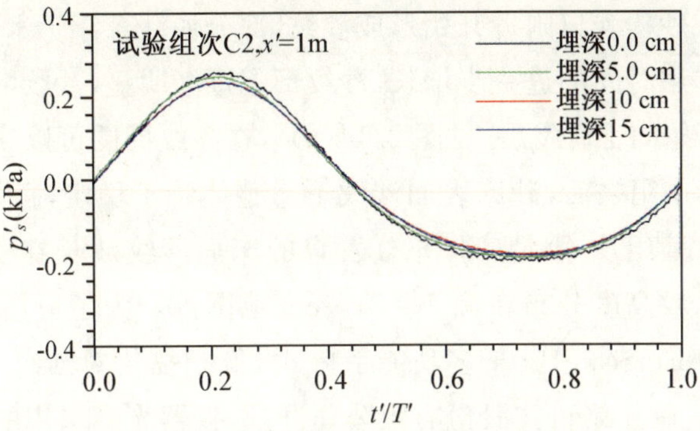

图 2.12　细砾质海床试验中不同深度处孔隙水压力随时间的变化曲线

中$|A_3|>|A_1|>|A_2|>|A_4|>0.2$,表明 3 阶谐波对海床土体动力响应的影响最大,且细砾质海床土体动力响应基本在弹性小变形区间内,满足线性叠加原理。因此,当入射波浪具有强频散性特征时,海床动力响应受到高阶谐波影响,孔隙水压力梯度会出现高阶谐波作用下的分布特征。由此可见,浅水波的非线性对海床土体动力响应规律也具有重要影响。

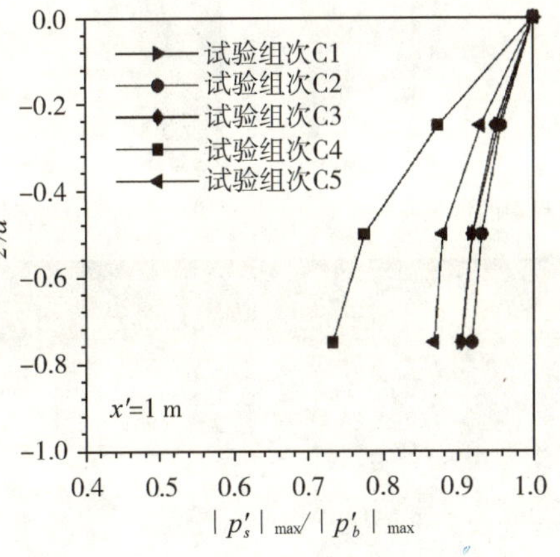

图 2.13　细砾质海床试验中孔隙水压力最大值沿垂向的分布

2.3　波浪与细砂质海床相互作用试验

2.3.1　试验现象

细砂质海床试验中,初始阶段床面较为平整,水体相对清澈,随着波浪作用时间的增长，在砂槽入口附近开始形成沙纹，部分泥沙悬浮于水中，水体变得较为浑浊；随着作用时间的进一步增长，沙纹形态逐渐明显，沙纹的波长变长且高度变大，同时开始向下游发展[见图 2.14(a)]，在沙纹周围可以观察到泥沙起动现象；波浪持续作用之后，砂床表面沙纹形态整体趋于稳定，且较为规则[见图 2.14(b)]，以试验组次 C8 为例，充分发育的床面沙纹波长在 10 cm 左右[见图 2.14(c)]，沙纹高度分布在 2.1～5.6 cm 范围内。为了分析沙纹的形态特征，研究中采用 EinScan-Pro＋多功能手持式 3D 扫描仪对沙纹床面进行扫描，扫描仪由杭州先临三维科技股份有限公司开发，仪器光源采用的是 LED 白光，

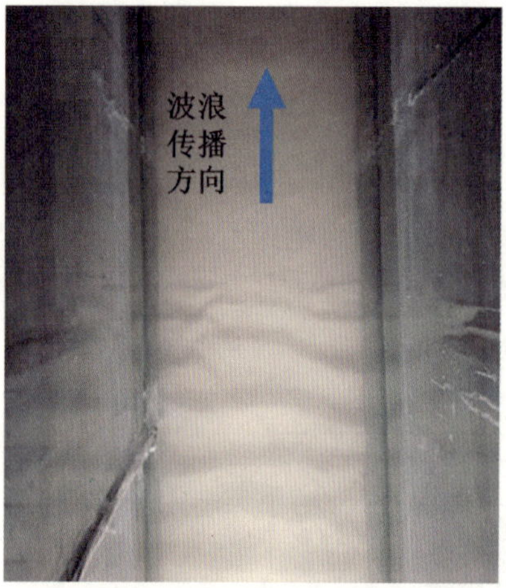

(a) 发育过程中的沙纹

(b) 发育完成后的沙纹

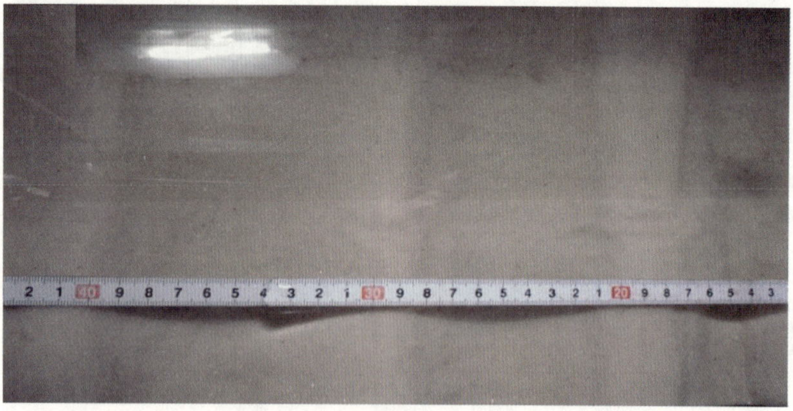

(c) 沙纹长度特征

图 2.14　试验组次 C8 中波浪作用下形成的床面沙纹

扫描精度为 0.1 mm，扫描速度为 550 000 pt/s，为获取床面地形高精度数据提供了充分保障。图 2.15 分别展示了细砂质海床试验中床面沙纹的整体形态。扫描结果表明波浪作用下床面沙纹的整体形态较为规则，三组试验中沙纹的波长和沙纹高度分布范围见表 2.3。由于试验环境中存在其他干扰因素，床面沙纹尺度具有一定的随机分布特征，为了合理地考虑沙纹地形整体特征，研究中采用上跨零点法统计了沿波浪传播方向上三个剖面的沙纹波长和波高，并对这些沙纹的波长和波高进行统计分析，获得床面沙纹的有效波长和有效高度，研究中采用沙纹的有效波长和有效高度来表征沙纹的特征波长和特征高度，统计结果见表 2.3。

(a) 试验组次 C6

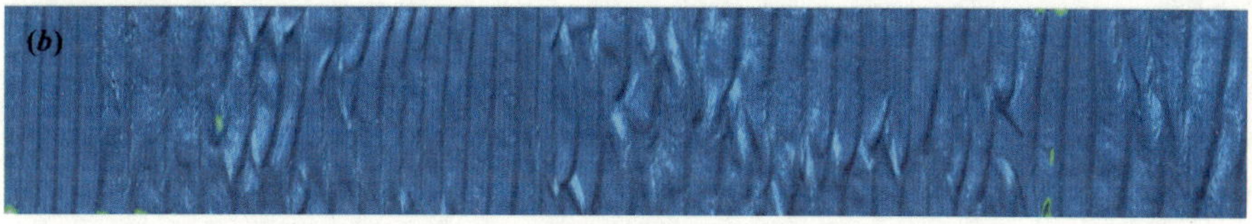

(b) 试验组次 C7

(c) 试验组次 C8

图 2.15　细砂质海床试验中床面沙纹的 3D 扫描图片

表 2.3　细砂质海床试验中沙纹的几何特征

试验组次	沙纹波长范围	沙纹高度范围	沙纹有效波长	沙纹有效高度
	cm	cm	cm	cm
C6	4.7～10.7	1.5～4.8	8.54	2.53
C7	7.1～10.9	1.3～5.1	9.37	2.77
C8	7.4～11.5	2.1～5.6	9.71	2.83

2.3.2 水面变化特征

在细砂质海床试验中，入射波波形同样具有明显的非线性特征，这一现象与细砾质海床试验现象基本一致，主要由浅水波传播过程中波-波相互作用机制产生。需要指出的是测量结果表明波浪在平整床面上和在沙纹床面上的传播演变规律具有一定差异。这一点首先可以从 $x'=4.5$ m 处的波形特征看出，图 2.16 中分别给出了试验组次 C8 中沙纹形成前的波形和沙纹发育完成后的波形。由图可知，沙纹形成前后同一位置处的波浪形态具有一定差异，沙纹床面上波形在静水面以上具有两个明显的峰值。这表明沙纹的形成对波浪的传播演变规律具有重要影响。因此，同样对沿程各浪高仪所测波面过程按傅里叶级数展开，分析两种床面条件下的谐波能量变化规律。

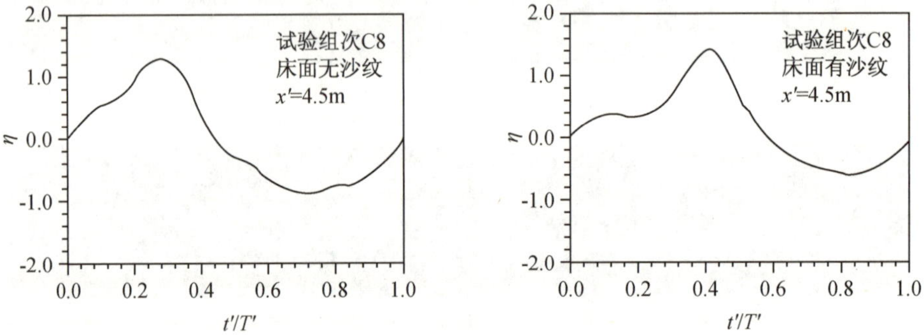

图 2.16　细砂质海床试验中浅水波演变后的波形

图 2.17 中分别展示三组试验中初始平整床面时和沙纹发育完成时谐波波幅在砂槽上方的分布曲线。由图可知，两种床面条件下谐波波幅沿波浪传播方向的变化趋势较为一致，但是高能量谐波对应的波幅在沙纹床面上的值较小。以试验组次 C8 为例，在砂槽出口附近有沙纹床面上 $|A_1|$ 的最大值比其在无沙纹床面上的值小 15%。累计前十阶谐波的能量还发现，三组试验中波浪在经过无沙纹床面时的能量耗散分别为 7.6%，8.1%和 6.9%；而在经过发育完成的沙纹床面时能量耗散分别为 19.8%，21.1%和 20.9%。这些结果均表明床面沙纹对波浪的传播演变规律具有重要影响。

2.3.3 边界层内流速特征

对细砂质海床平整床面边界层附近的速度进行分析，可以发现平整细砂质海床试验中流速的空间分布规律与层流状态时细砾质海床试验结果比较一致。细砂质海床试验中，边界层厚度很薄且海床表面的滑移速度也不明显[见图 2.18(a)]；图 2.18(b)中也展示了过渡状态下边界层内水平流速的垂线分布，通过比较可知流体处于过渡状态时边界层更厚。这主要是由于边界层厚度 $\delta'_w \propto \sqrt{v'_e t'} = \sqrt{v'_e l'/u_\infty}$，过渡状态和紊流状态时，$v'_e$ 大于 v'_w 且细砾的特征长度大于细砂的特征长度。

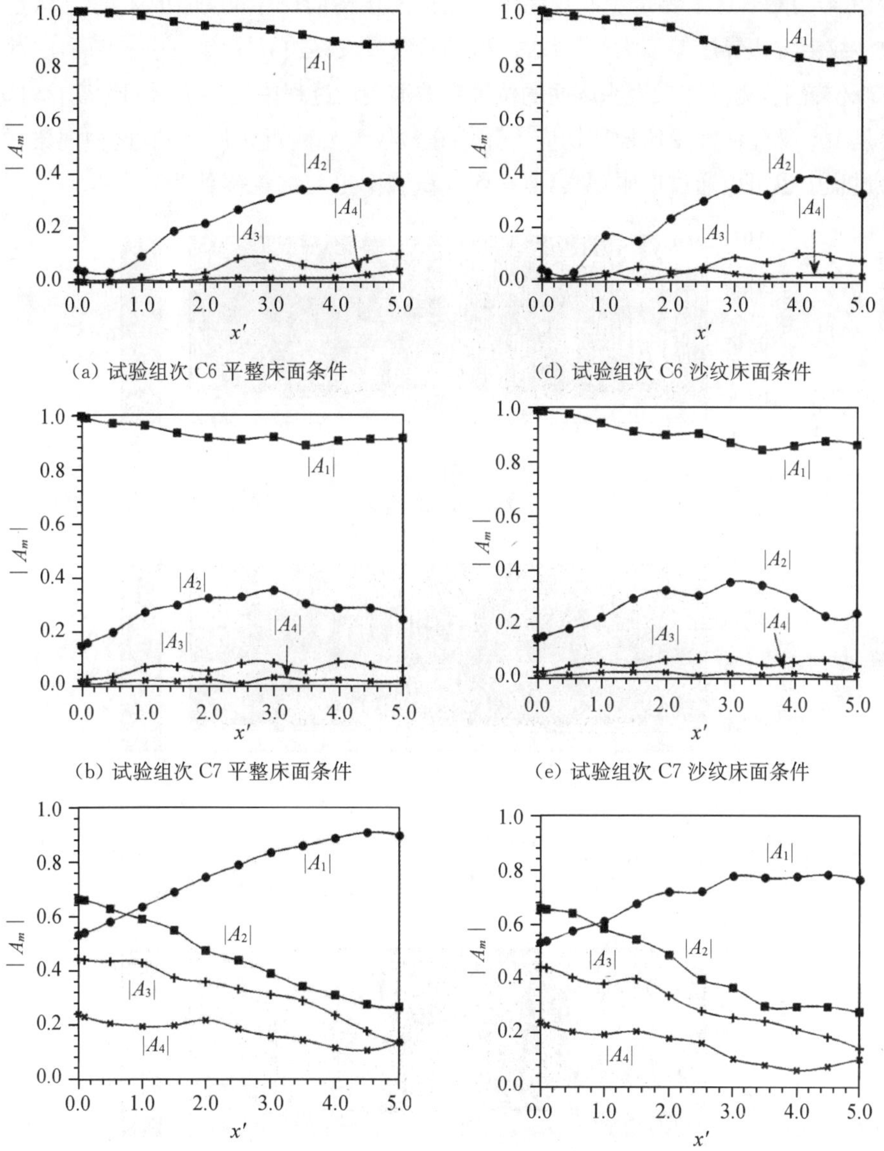

(a) 试验组次 C6 平整床面条件　　(d) 试验组次 C6 沙纹床面条件

(b) 试验组次 C7 平整床面条件　　(e) 试验组次 C7 沙纹床面条件

(c) 试验组次 C8 平整床面条件　　(f) 试验组次 C8 沙纹床面条件

图 2.17　谐波波幅的空间分布

类似地，对发育完全的沙纹床面附近流速测量结果进行分析，发现沙纹床面水底边界层内的流速结构更加复杂，沙纹周围水体运动处于完全发展的紊流状态，边界层厚度也大于 ADV 的捕捉范围(3 cm)。在试验中分别测量了沙纹的波峰和波谷位置的流速，波峰和波谷位置处流速的垂向分布随时间的变化如图 2.19 所示。由图可知，在沙纹波峰位置和波谷位置速度随时间的变化会呈现涡的形状[见图 2.19(a)白圈]，这主要是受沙纹周围涡运动的作用而产生的，此外，拟序结构也导致沙纹上方边界层厚度大于沙纹高度，即沙纹浸没在边界层内。另一方面，在沙纹波峰位置上，测量结果表明床面的位置在波浪运动过程中发生了周期性变化，这主要是由于部分泥沙受床面剪切应力作用在沙纹波峰附近来回摆动，这种现象在试验过程中也可以通过肉眼观察到，在前人试验中也有被观察到[166]。

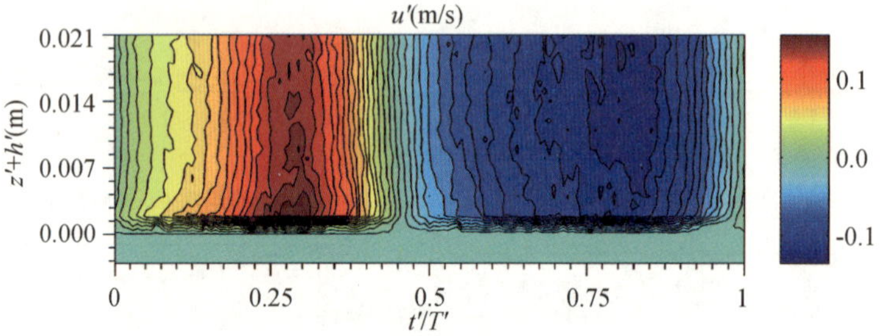

(a) 试验组次 C7

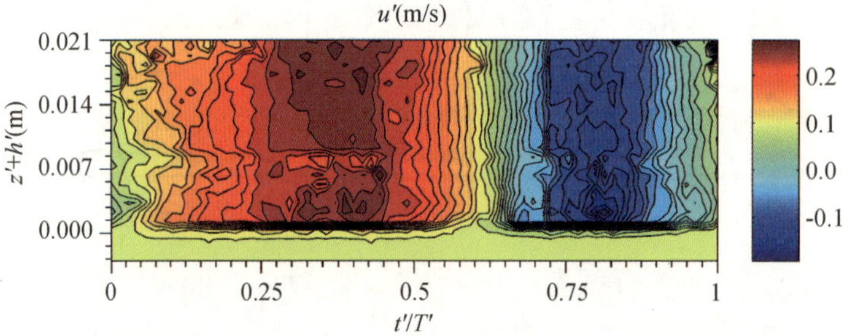

(b) 试验组次 C2

图 2.18　剖面 2 上床面附近流速垂向分布随时间的变化

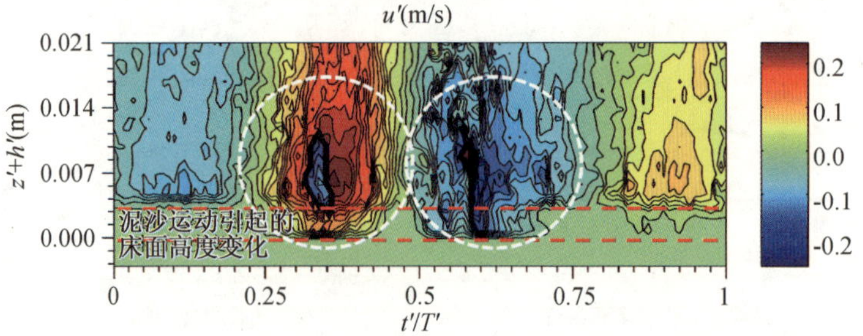

(a) 沙纹波峰位置

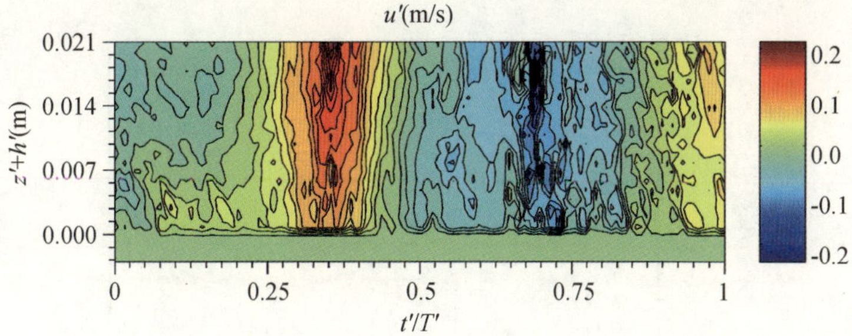

(b) 沙纹波谷位置

图 2.19 沙纹波峰和波谷位置处的流速垂向分布随时间的变化

2.3.4 孔隙水压力响应特征

细砂质海床试验中各测点处孔隙水压力的变化特征与细砾质海床试验响应特征基本相同，以周期性振荡为主（见图 2.20）；不同的是同一垂直剖面上不同位置处的孔隙水压力存在一定的相位差，如图 2.21 所示。由图可知，在试验组次 C8 中床面处的孔隙水压力与 15 cm 深度位置处的相位差为 0.094(5.5°)。另一方面，由图 2.21 还可以发现细砂质海床试验中孔隙水压力的最大值沿垂直方向的衰减速度较为明显，以试验组次 C8 为例，埋深 15 cm 处孔隙水压力最大值相比于床面处减小了 16%。

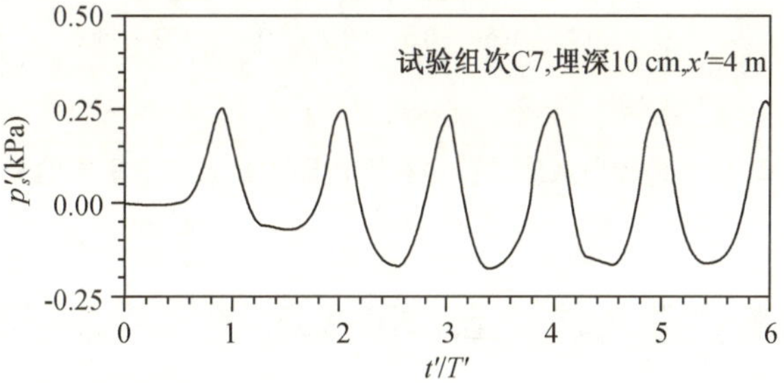

图 2.20 波浪作用下细砂质海床内的孔隙水压力随时间变化曲线

图 2.22 中进一步展示了细砂质海床上孔隙水压力最大值的垂向分布，由图可知细砂质海床试验与细砾质海床试验类似，孔隙水压力最大值沿垂向会有一定程度的衰减。另一方面，当波浪周期由 1.8 s 增大到 2.9 s 时，孔隙水压力最大值的垂向分布梯度会相应地增大，这主要是因为试验组次 C8 中二阶谐波的能量相比于一阶谐波的能量不可忽略，而试验组次 C8 中二阶谐波的波长相比于 C6 和 C7 中一阶谐波波长更短，波周期更短。

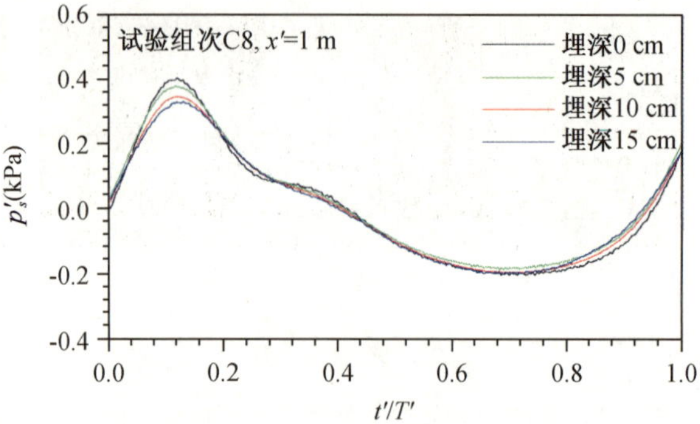

图 2.21　试验组次 C8 不同深度处孔隙水压力随时间的变化

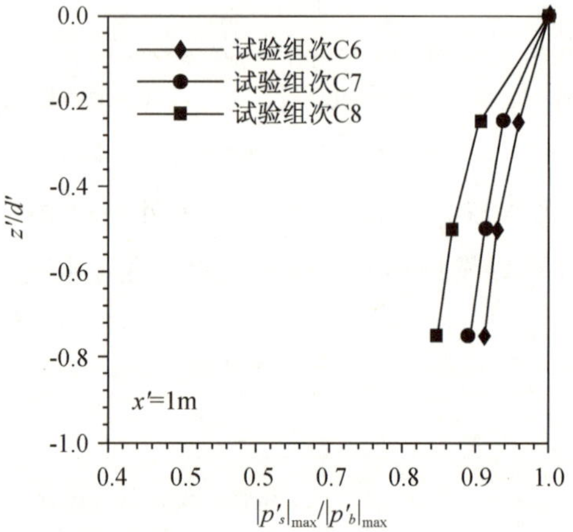

图 2.22　细砂质海床试验中孔隙水压力最大值沿垂向的分布

2.4　波浪与粉砂质海床相互作用试验

2.4.1　试验现象

在波浪与粉砂质海床相互作用过程中，观察到两种明显不同的试验现象。第一种试验现象出现在试验组次 C9 中，海床表层土体位移不明显，床面附近部分颗粒在往复流引起的剪切应力作用下悬浮于水体底层（见图 2.23），水体底层相对浑浊而水体上部区域较为清澈，波形沿波浪传播方向变化也不明显。第二种试验现象在其他 3 组（C10—C12）粉砂质海床试验中均有出现，在这些组次试验中海床土体在经历几个波浪荷载作用后，海床表面的土层开始随着波浪一起往复运动（见图 2.24），且土骨架的位移明显，通过肉眼可以清晰地观察到。相比于试验组次 C9，试验组次 C11 中更多的粉砂颗粒悬浮在水中，水体更加浑浊（见图 2.24），波浪沿传播方向衰减较为明显。

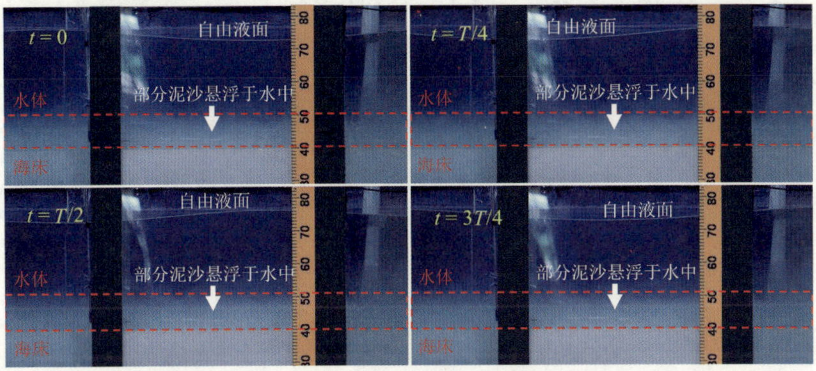

图 2.23　试验 C9 中床面附近泥沙悬浮现象

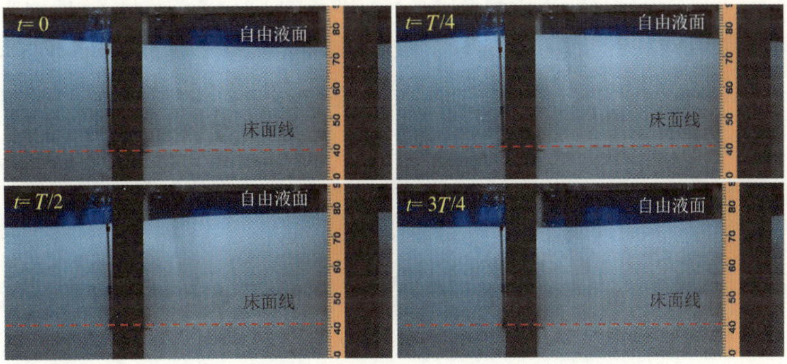

图 2.24　试验组次 C11 中波浪作用下海床响应的照片

波浪荷载作用结束后，海床土体会在重力作用下再次固结，固结完成后海床表面总体仍然较为平整（见图 2.25），并未出现 Sumer 等[167]观察到的沙纹现象，这主要是由于本书研究中所选用的粉砂颗粒粒径比 Sumer 等[167]研究中的颗粒更细，黏性更强。但是在试验组次 C10、C11 和 C12 中，海床土体固结完成后，在海床表面出现了许多裂纹，裂纹主要分布在土体表层 2 cm 深度范围以内。这些裂纹是粉砂固结过程中排水而形成的排水通道。

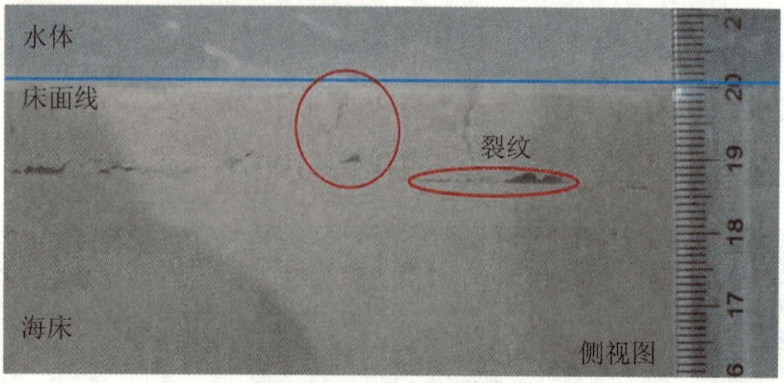

图 2.25　粉砂质海床再固结时海床表面形成的裂纹

2.4.2　水面变化特征

对粉砂质海床试验中的水位测量结果进行分析发现，水面的变化与海床土体的动力响应也密切相关。在试验组次 C9 中，砂槽上方五个位置处浪高仪所测波形都较为稳定，波高随时间基本不发生变化，这与波浪在砂质海床上传播时的水位变化特征一致。通过比较不同水平位置处的波高大小，发现波高沿波浪传播方向出现了微弱的衰减，沿程五个浪高仪所测波高分别为 3.94 cm、3.89 cm、3.85 cm、3.79 cm 和 3.73 cm。这表明波浪经过未液化海床时的波高衰减为 5.3%，根据线性波浪理论估算波浪能量的耗散为 10.3%，这与波浪经过平整的细砂质海床时的能量衰减速率比较接近。

对其他三组试验的测量结果进行分析发现，波形变化具有明显的差异。图2.26中分别展示了试验组次 C11 和 C12 中砂槽上方五个浪高仪所测水位随时间的变化过程曲线。由图可知，除砂槽入口处以外，其他四个位置处的波高随时间都出现了变化。以试验组次 C11 为例，在波浪入射的初始阶段砂槽出口处的波高为5.62 cm，而在 75 s 时波高减小为 3.75 cm，波高减小了 33%，当波形达到稳定后，波高衰减为 42.5%。在试验组次 C12 中，波形达到稳定后波高衰减甚至达到52.1%，对应的波浪能量衰减为 77%。对比波浪波高衰减时间和海床液化进程可以发现二者之间具有密切关系，在海床液化深度向下逐渐发展过程中，波高衰减越来越明显，当海床液化深度不再发展时，波高开始趋于稳定(见图 2.26)。

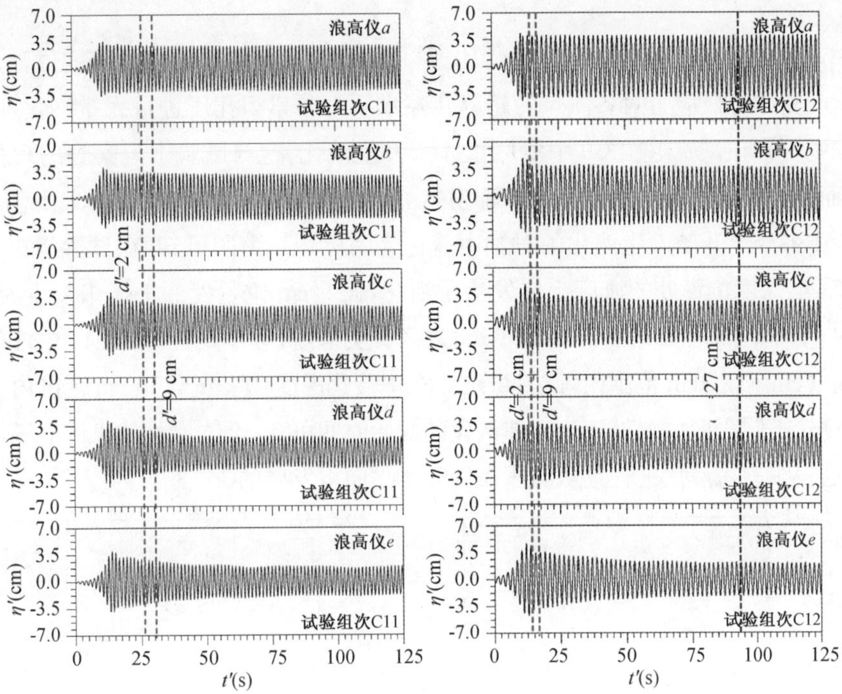

图 2.26　沿波浪传播方向上各测点的自由液面随时间的变化曲线

为了研究波形达到稳定状态时，砂槽上方波高的空间分布规律，本书中首先对各组次稳定后波形的特征波幅进行统计，然后对波幅取对数，最后用线性函数进行拟合，结果显示试验测量数据与拟合曲线之间的相关系数都大于 0.95，这表明波高沿着波浪传播方向近似按指数函数变化。图 2.27 中分别给出了试验中波幅的对数函数的空间分布及其拟合曲线。由图可知，波浪在经过液化海床时，波高的衰减速度远大于其在未液化海床上传播时的值。

2.4.3　孔隙水压力响应特征

波浪作用下粉砂质海床内的孔隙水压力响应特征与砂质海床内孔隙水压力响应特征具有明显的不同。在粉砂质海床试验中，海床土体在经历了几个周期的波浪荷载之后，海床内孔隙水压力在振荡的同时还伴随着累积现象（见图 2.28）。根据 Seed 和 Rahman[72] 的研究可知黏性海床土体中当海床内累积孔隙水压力超过垂向初始有效应力时，海床土体就会发生液化，即

$$\bar{p} \geqslant \sigma'_{v0} = \gamma' d' \tag{2.4.1}$$

其中，σ'_{v0} 为垂向初始有效应力，γ' 为土体的浮重度，d' 为单元体的深度位置。采用垂向初始有效应力对各测点的超静孔隙水压力和累积孔压进行无量纲化，由液化准则可知在试验组次 C9 中海床土体未发生液化，这与试验中观察到的现象一致；而其他三组试验中粉砂质海床都发生了不同程度的液化现象，如图 2.28 所示，试验中各测点开始发生液化的时刻由蓝色箭头标识。由图可知，在试验组次 C10 中，2 cm 深度位置处的海床土体发生了液化，而 9 cm 位置处的土体未发生液化，因此，土体的液化深度在 2 cm 和 9 cm 之间。类似地，可知试验组次 C11 中液化深度在 9 cm 和 27 cm 范围内，试验组次 C12 中液化深度 27 cm 至 40 cm 范围内。同时，比较不同深度位置处海床土体液化的起始时间可知，土体位置越浅越早发生液化，这表明累积液化进程是从海床表面开始再向下发展的。

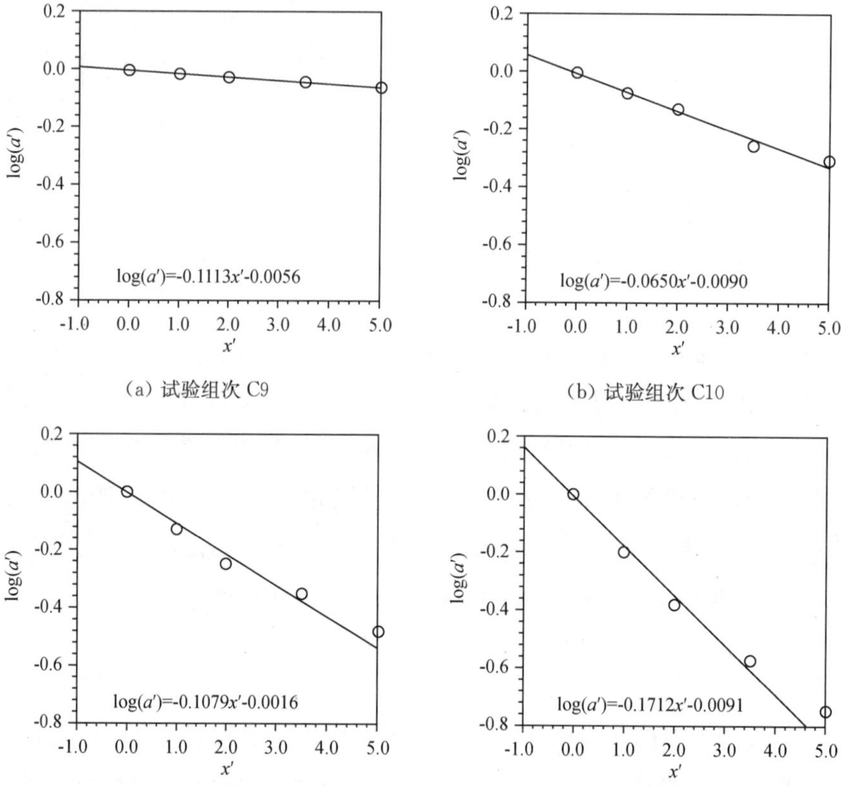

(a) 试验组次 C9　(b) 试验组次 C10　(c) 试验组次 C11　(d) 试验组次 C12

图 2.27　波幅的对数函数 log(a')的空间分布

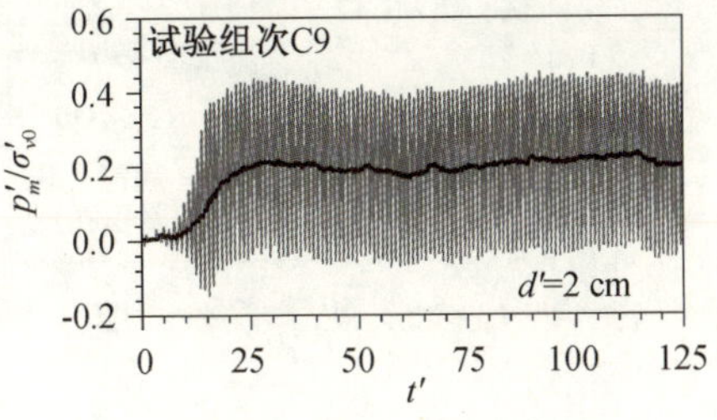
试验组次C9
d'=2 cm
t'
p'm/σ'v0
（a）

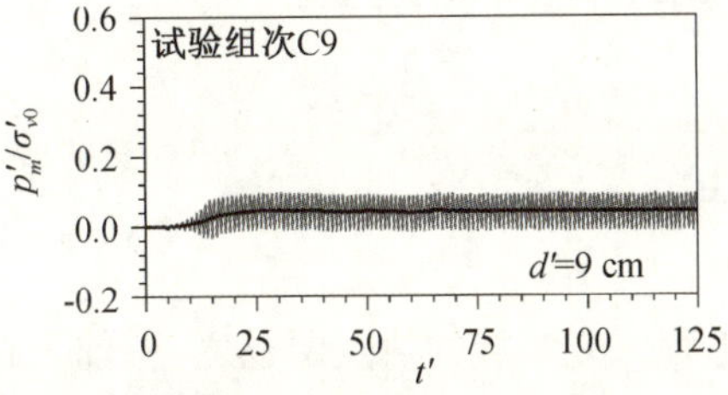
试验组次C9
d'=9 cm
t'
p'm/σ'v0
（b）

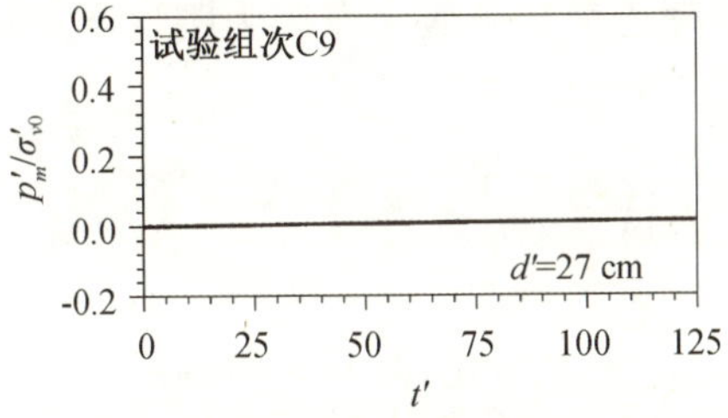
试验组次C9
d'=27 cm
t'
p'm/σ'v0
（c）

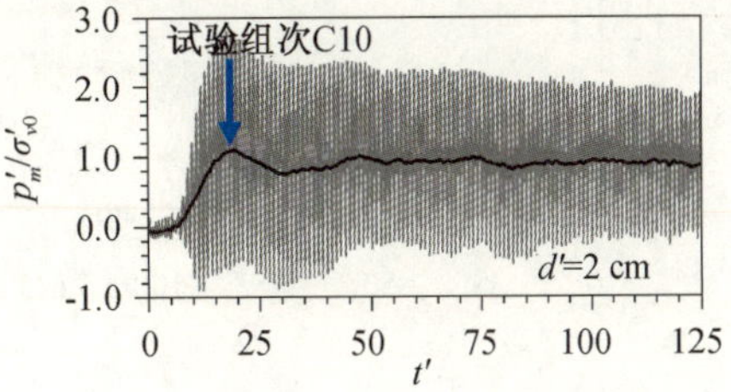
试验组次C10
d'=2 cm
t'
p'm/σ'v0
（d）

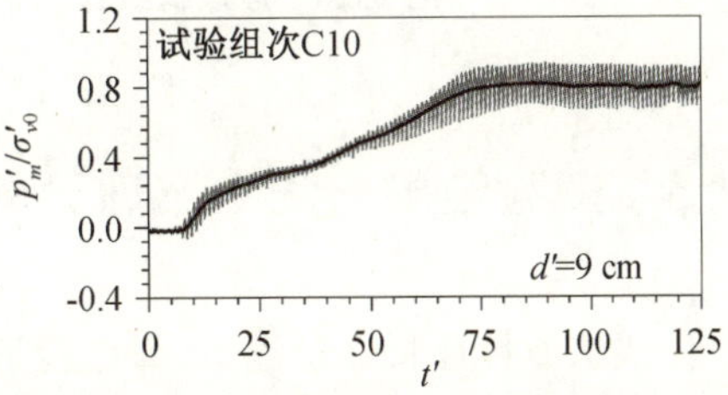
试验组次C10
d'=9 cm
t'
p'm/σ'v0
（e）

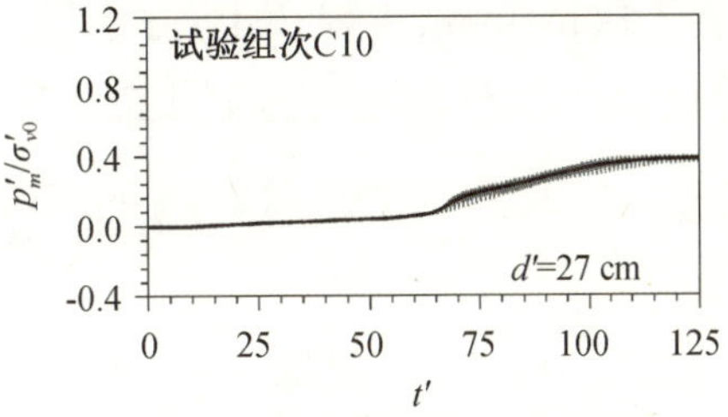
试验组次C10
d'=27 cm
t'
p'm/σ'v0
（f）

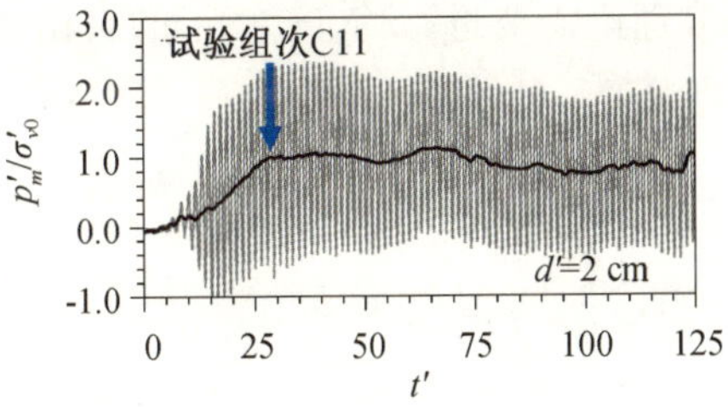
试验组次C11
d'=2 cm
t'
p'm/σ'v0
（g）

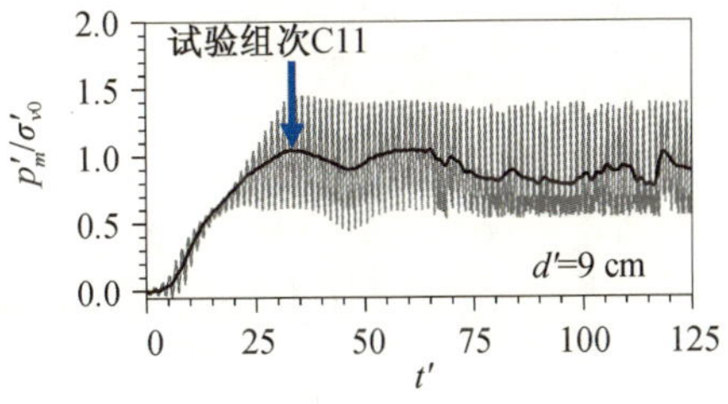
试验组次C11
d'=9 cm
t'
p'm/σ'v0
（h）

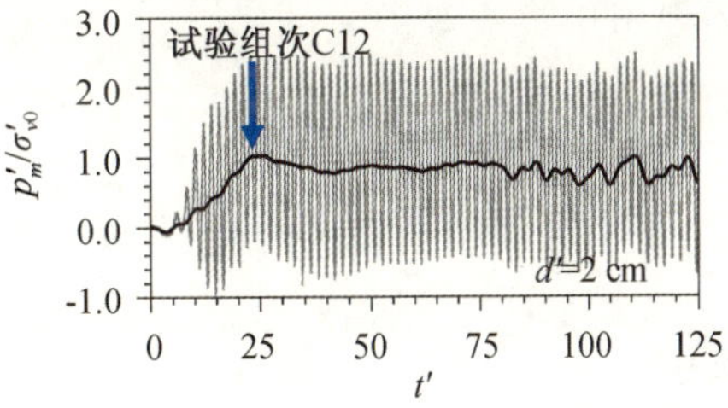
试验组次C12
d'=2 cm
t'
p'm/σ'v0
（j）

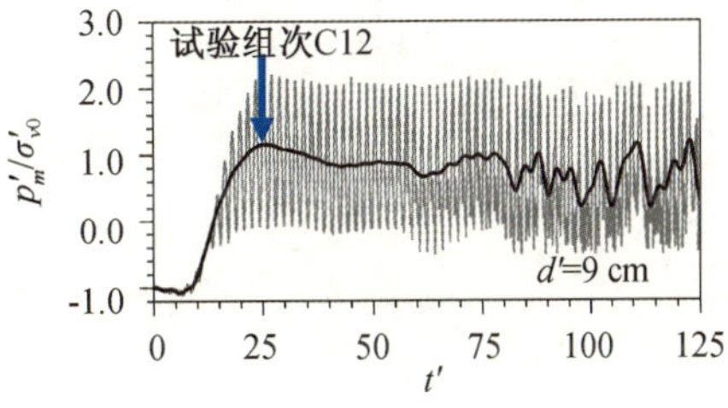
试验组次C12
d'=9 cm
t'
p'm/σ'v0
（k）

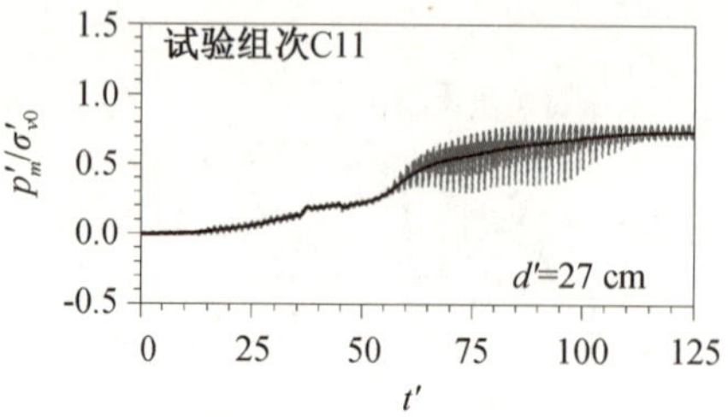

(i)

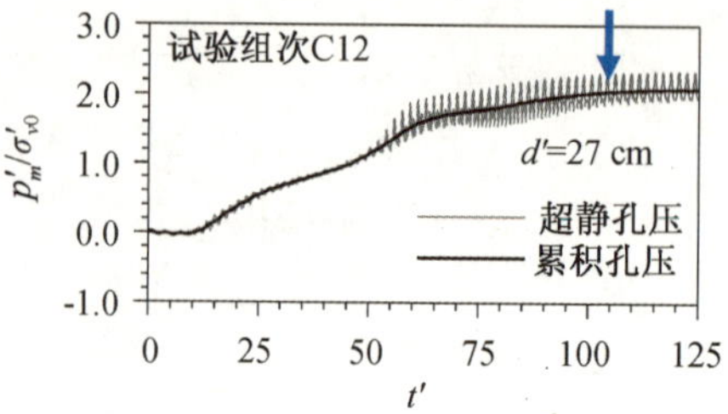
(l)

图 2.28　波浪荷载作用下粉砂质海床内孔隙水压力变化

2.5　试验结果与浅水波理论的比较

浅水波传播特性是港口、海岸及近海工程研究领域的热点课题之一，前人在研究过程中提出了许多理论来描述浅水波的传播演变规律，其中包括线性波浪理论、Boussinesq 方程、KdV 方程等。这些理论最初都假定海床为刚性不透水介质，对于线性波浪理论，自由液面的无量纲形式为

$$\eta=\frac{1}{2}\exp[i(k_0x-t)]+\text{c. c.} \tag{2.5.1}$$

式(2.5.1)中，空间变量均采用深水波长 g/ω^2 无量纲化，时间采用特征频率倒数无量纲化，k_0 为波数的无量纲形式。Liu 等[85]指出在渗透性良好的海床上需要考虑渗流等因素的影响，传统线性波浪理论需要进行修正，修正的自由液面形式为

$$\eta=\frac{1}{2}\exp[i(kx-t)]+\text{c. c.}, \qquad k=k_0+\beta k_{11}+\alpha k_{10} \tag{2.5.2}$$

其中，

$$k_{11}=i\frac{2k_0\tanh k_0 d}{2k_0h+\sinh 2k_0h}, \qquad k_{10}=\frac{\sqrt{2}k_0^2\cosh k_0h(1+i-\sqrt{2}\theta)}{2k_0h+\sinh 2k_0h} \tag{2.5.3}$$

式(2.5.3)中，d 为海床厚度，无量纲参数 α 、β 和 θ 分别定义为

$$\alpha=\frac{\omega^2}{g}\sqrt{\frac{v'_w}{\omega}}, \qquad \beta=\frac{k_s\omega}{v'_w}, \qquad \theta=\frac{d_{50}}{\sqrt{80}}\sqrt{\frac{\omega}{v'_w}} \tag{2.5.4}$$

图 2.29 分别展示了试验组次 C4 与试验组次 C2 的测量结果及公式(2.5.2)

的计算结果，由图可知，在试验组次 C4 中 Liu 等[85]所推导的修正的线性解与试验测量结果较为吻合。但是在试验组次 C2 中，该解与试验测量结果之间存在较大误差。这主要是由于试验组次 C4 中波周期为 1.42 s，波浪频散性较弱(μ=0.68)，而在试验组次 C2 中波周期为 2.37 s，频散性参数较小($\mu = 0.39$)，波浪频散性和非线性较强，而线性解无法描述强频散性和强非线性波浪传播过程中的波-波相互作用机制。

强非线性浅水波的传播特性通常可以通过 Boussinesq 方程和 KdV 方程进行描述。其中 Boussinesq 方程中速度和自由液面耦合在一起，通过解析方法较难求解，而 KdV 方程中只含自由液面一个未知变量，传统的 KdV 方程可以表示为式(2.5.5)，X 为慢变空间坐标，φ 为相位且 $\varphi = x - t$。通过半解析理论方法可以得到 KdV 方程的解[168]。为了说明试验组次 C2 测量结果与 Liu 等线性解之间的差异是由波浪非线性所产生的，这里进一步采用传统 KdV 方程计算了试验组次 C2 中沿程各处的自由液面，图 2.30 中分别展示了传统 KdV 方程计算结果和试验测量结果。由图可知，KdV 方程解的趋势与试验测量结果较为一致，这表明 KdV 方程比线性波浪理论更加适合描述非线性浅水波的传播特性。另一方面，由图 2.30 不难看出 KdV 方程的计算结果均大于试验测量结果，且随着传播距离的增大，两者之间的差异越来越显著，这主要是传统 KdV 方程中未考虑细砾质海床内渗流作用对浅水波能量的耗散作用，因此，对于渗透性良好的海床，浅水波在海床上传播时需要考虑渗流作用的影响，传统的 KdV 方程需要改进。

$$\frac{\partial \eta}{\partial X} + \frac{3}{4}\frac{\partial \eta^2}{\partial \varphi} + \frac{1}{6}\frac{\mu^2}{\varepsilon}\frac{\partial^3 \eta}{\partial \varphi^3} = 0 \tag{2.5.5}$$

在细砂质海床试验中，入射波浪条件基本满足 Boussnesq 近似，波浪同样具有较强的非线性。图 2.31 中展示了试验组次 C8 中平整细砂质海床面上浅水波在传播过程中的波形。由图可知，对于在平整的细砂质海床上运动的浅水波，KdV 方程可以较好地描述波浪的传播特性。这主要是由于细砂质海床的渗透性较差，以本书试验所采用的细砂为例，渗透系数为 1.4×10^{-11} m²，与细砾质海床的渗透系数之间相差 2 个量级。另一方面，平整床面上的黏度系数较小，黏性剪切应力引起的能量耗散也较小。

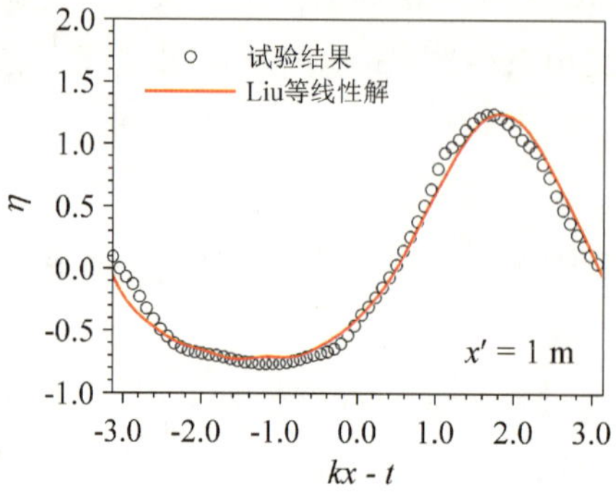

(a) 试验组次 C4

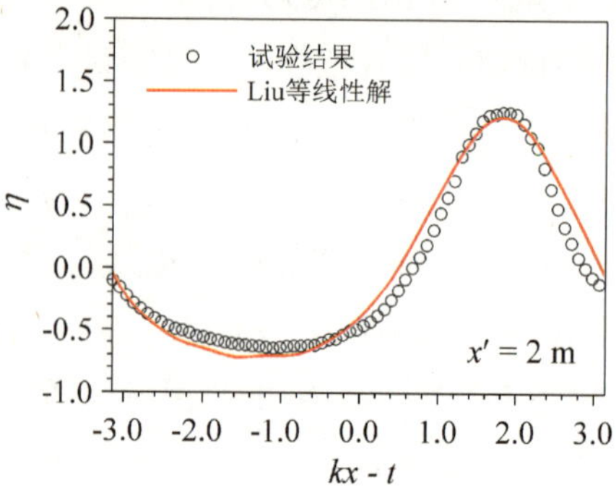

(b) 试验组次 C4

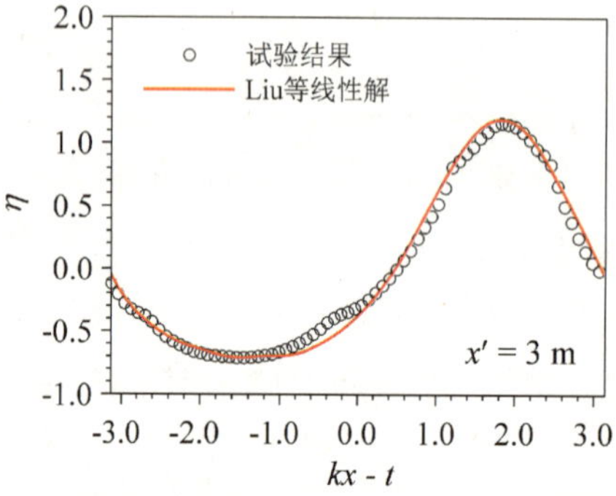

(c) 试验组次 C4

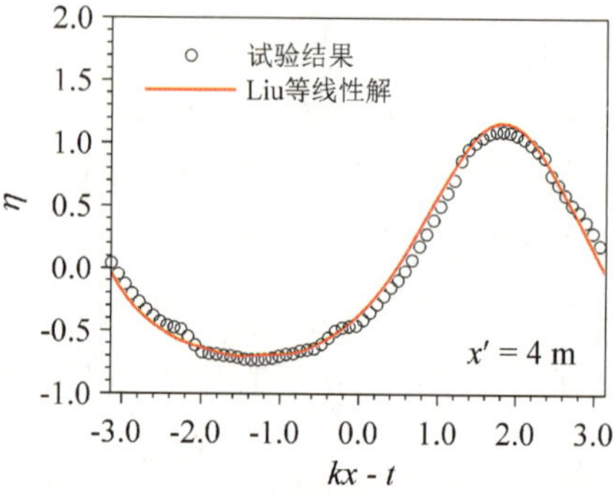

(d) 试验组次 C4

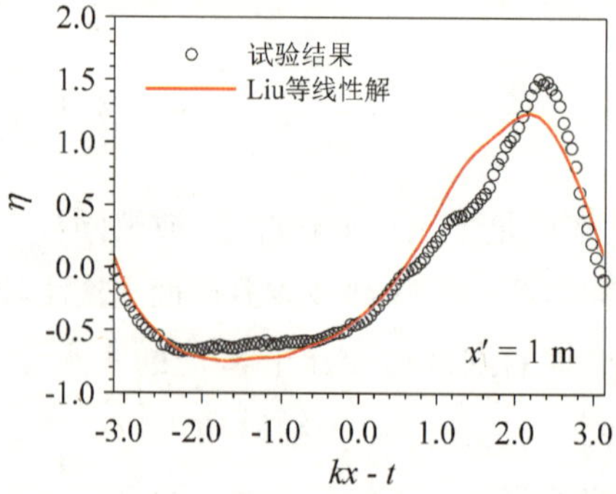

(e) 试验组次 C2

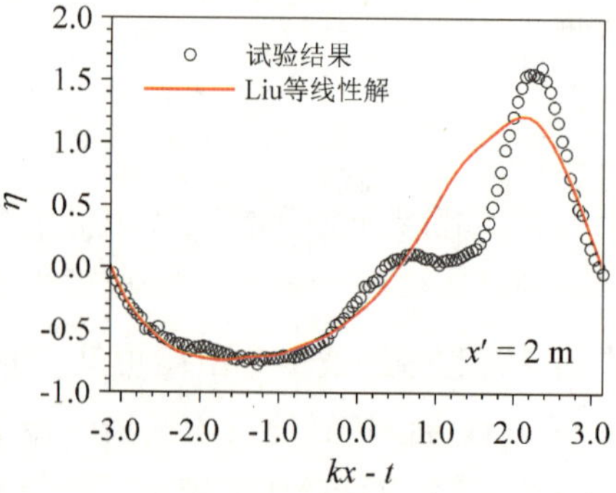

(f) 试验组次 C2

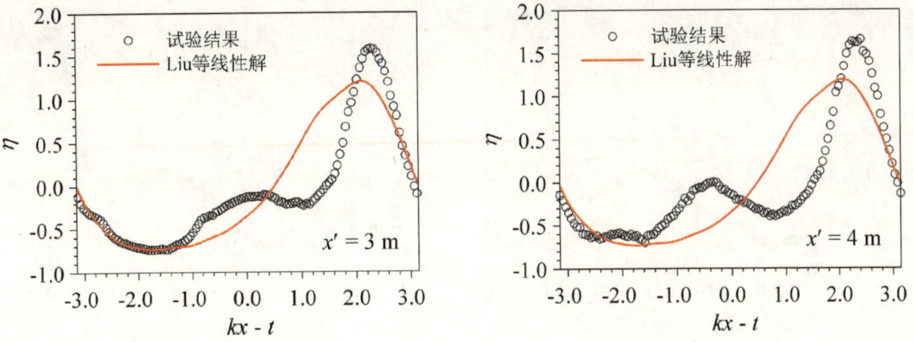

(g) 试验组次 C2　　(h) 试验组次 C2

图 2.29　试验结果和线性理论结果的比较

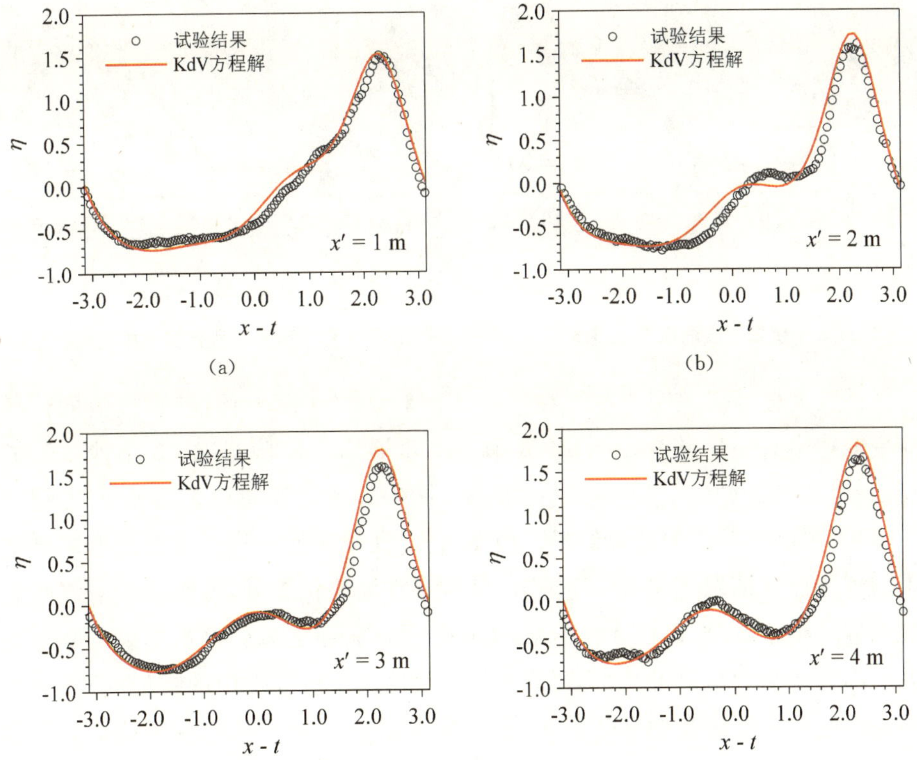

(a)　(b)　(c)　(d)

图 2.30　KdV 方程计算结果和试验测量结果之间的比较

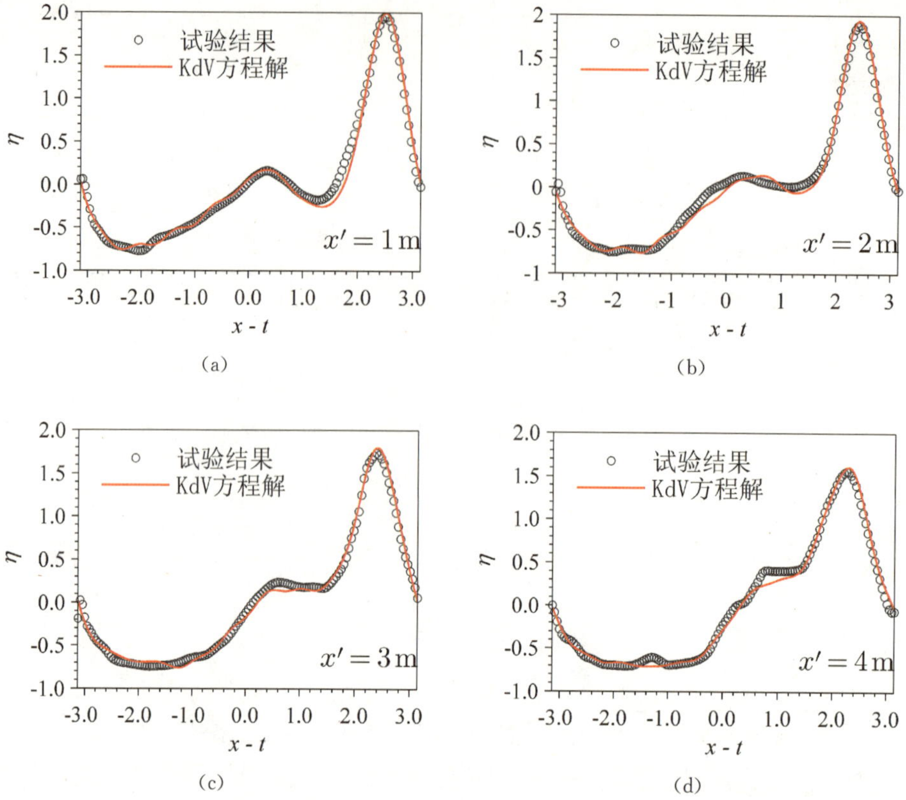

图 2.31　平整细砂质海床面上浅水波沿程各处波形测量结果与 KdV 方程计算结果之间的比较

试验测量结果表明浅水波在平整床面和沙纹床面上传播时，波浪的传播演变规律会有明显差异。图 2.32 中进一步展示了试验组次 C8 中沙纹形成后，浅水波传播过程中沿程各处的波形。图中红色实线同样表示 KdV 方程计算结果，圆圈表示试验测量结果。由图可知，沙纹床面上浅水波的波形测量结果与理论计算结果之间有一定差异，特别是在波峰位置处，沙纹床面上波幅的最大值均小于 KdV 方程计算结果，也小于平整床面上试验测量结果。结合边界层内流速测量结果可知，主要原因是沙纹增大了边界层内的粗糙度，导致边界层内的流体紊动特性显著增强，涡黏系数增大，黏性耗散也相应地增大。这也表明对于沙纹地形上传播的浅水波，其演变特性需要考虑底部黏性耗散的影响。

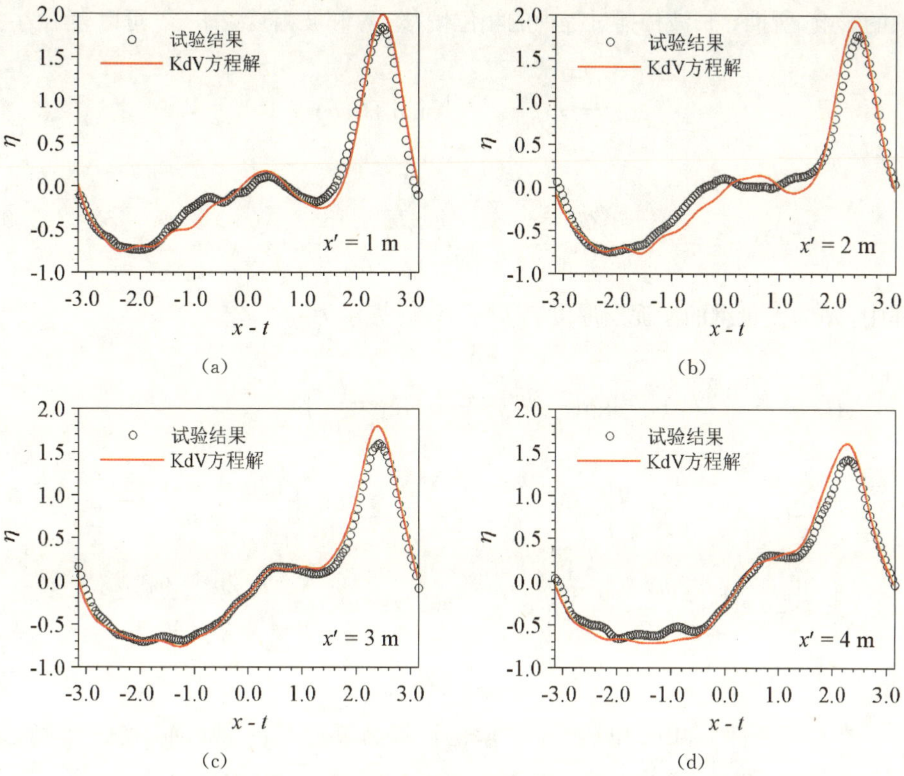

图 2.32　沙纹床面上浅水波沿程各处波形试验测量结果与 KdV 方程计算结果之间的比较

对于波浪在黏性淤泥层上的传播特性，前人同样进行了许多研究，大多认为波浪能量的耗散是由淤泥层内的黏性耗散产生的。Ng[86] 和 Mei 等[155] 分别基于黏性流体模型和黏弹性模型推导了波浪在淤泥上传播的相位偏移 $\mathscr{D}_r$ 和波幅衰减率 $\mathscr{D}_i$ 的线性解，两者用无量纲形式可以表示为

$$\mathscr{D}_r = -\gamma \frac{d}{h} \frac{2k_0^2 h}{2k_0 h + \sinh 2k_0 h} \left(1 + \frac{1}{2\tilde{d}} \frac{\sin\tilde{d}\cos\tilde{d} + \sinh\tilde{d}\cosh\tilde{d}}{\cos^2\tilde{d}\cosh^2\tilde{d} + \sinh^2\tilde{d}\sin^2\tilde{d}} \right) \quad (2.5.6)$$

$$\mathscr{D}_i = \gamma \frac{\delta_m}{h} \frac{k_0^2 h}{2k_0 h + \sinh 2k_0 h} \frac{\sinh\tilde{d}\cosh\tilde{d} - \sin\tilde{d}\cos\tilde{d}}{\cos^2\tilde{d}\cosh^2\tilde{d} + \sin^2\tilde{d}\sinh^2\tilde{d}} \quad (2.5.7)$$

式(2.5.6)和式(2.5.7)中，变量的无量纲方式与 Liu 等[85]一致，d 为淤泥层厚度，δ_m 为淤泥层的边界层厚度，γ 为上层水体与淤泥层的密度之比，$\tilde{d}$ 为淤泥层厚度与淤泥层边界层厚度之比。Liu 和 Chan[169] 基于长波假定推导了线性前进波和孤立波在淤泥层上的传播特性，然而 Liu 和 Chan[169] 的解析解中忽略了非线性

项的影响,所推导长波传播过程中的相位偏移 $\mathscr{D}_r$ 和波幅衰减率 $\mathscr{D}_i$ 可以表示为

$$\mathscr{D}_r = -\frac{\gamma}{2}\left[\bar{d} - \int_0^{\infty} \sin q\, \Pi(q)\,\mathrm{d}q\right] \tag{2.5.8}$$

$$\mathscr{D}_i = -\frac{\gamma}{2}\int_0^{\infty} \cos q\, \Pi(q)\,\mathrm{d}q \tag{2.5.9}$$

其中,$\bar{d}$ 为无量纲的淤泥层厚度,$\Pi(q)$ 可以表示为

$$\begin{aligned}\Pi(q) = {} & \sqrt{\frac{4q}{\pi}}\left[1-\exp\left(\frac{-\bar{d}^2}{4q}\right)\right] + \bar{d}\,\mathrm{erfc}\left(\frac{\bar{d}}{\sqrt{4q}}\right) \\ & - \sum_{m=1}^{\infty}(-1)^m\left\{\sqrt{\frac{4q}{\pi}}\left[-3\exp\left(\frac{m^2\bar{d}^2}{-q}\right) + \sum_{\mathrm{m}=-1}^{1}\exp\left(\frac{(2m+\mathrm{m})^2\bar{d}^2}{-4q}\right)\right]\right. \\ & \left. + \bar{d}\left[2m\,\mathrm{erfc}\left(\frac{2m\bar{d}}{\sqrt{4q}}\right) + \sum_{\mathrm{m}=-1}^{1}(-1)^{\mathrm{m}}(2m-\mathrm{m})\,\mathrm{erfc}\left(\frac{(2m-\mathrm{m})\bar{d}}{\sqrt{4q}}\right)\right]\right\}\end{aligned} \tag{2.5.10}$$

在长波条件下,Liu 和 Chan[169] 解的计算结果与 Ng[86] 和 Mei 等[155] 解的计算结果较为一致。图 2.33 中分别展示了两种不同入射波浪条件下,Liu 和 Chan 解和 Mei 等解的计算结果。由图可知,对于长波 Liu 和 Chan 解与 Mei 等解的计算结果差别很小,但是当波长变短时,Liu 和 Chan 解的计算结果大于 Mei 等解的计算结果,这主要是由于 Liu 和 Chan 解中引入了长波假定。

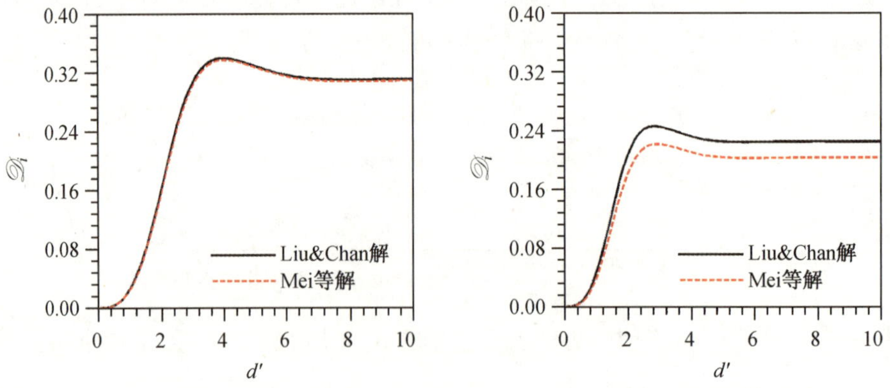

(a) $\mu^2=0.1$　　(b) $\mu^2=0.4$

图 2.33　不同波浪条件下 Liu 和 Chan 解[169] 与 Mei 等解[155] 的计算结果对比
($h'=10$ m, $a_0'=1$ m, $\gamma=0.8$, $\nu_m'=1$ m²/s)

图 2.34 中展示了海床液化深度达到 9 cm 时，入射波浪经过 $x'=1$ m、$x'=2$ m、$x'=3.5$ m 和 $x'=5$ m 四个位置时的波形。由图可知，Liu 和 Chan 解的计算结果与试验结果较为吻合，而 Mei 等解的计算结果大于试验测量结果。主要是由于这两种理论中均忽略了其他耗散因素的影响，比如水槽边界和水底边界层的黏性耗散，液化层以下土体内能量耗散，等等，而 Liu 和 Chan 解相比于 Mei 等的解会高估液化层内的黏性耗散，计算结果更加接近总的能量耗散率。另一方面，从图 2.34 中不难看出，浅水波传播过程中还伴随着波形的演变，Mei 等解和 Liu 和 Chan 解均无法描述波形的演变过程。

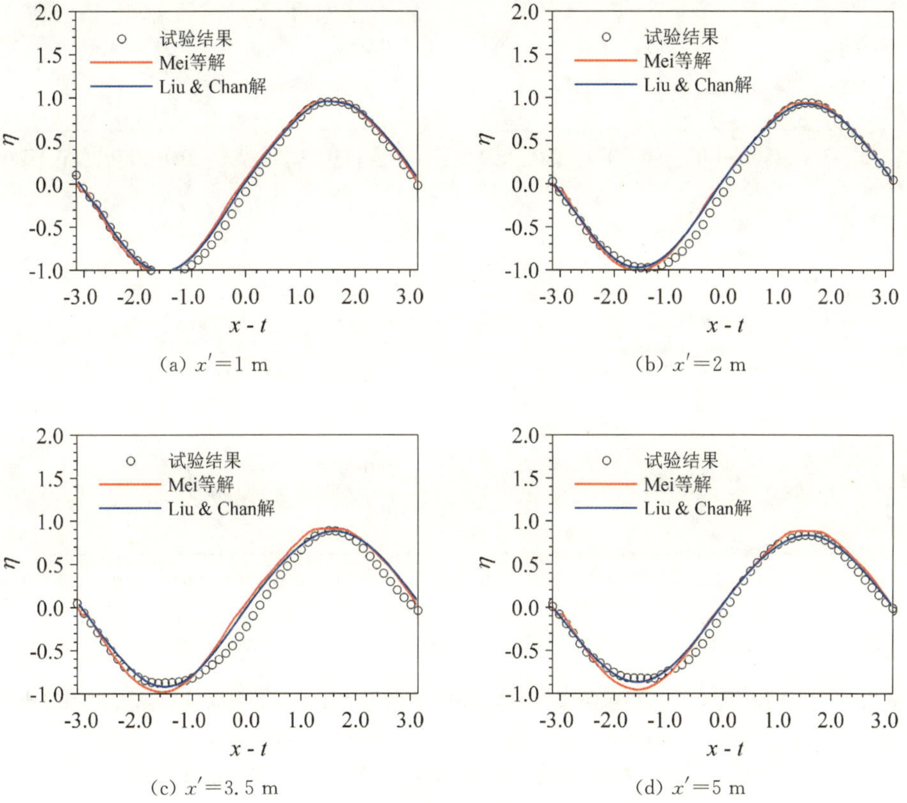

(a) $x'=1$ m　　(b) $x'=2$ m

(c) $x'=3.5$ m　　(d) $x'=5$ m

图 2.34　自由液面波形的测量结果及其与解析解结果之间的比较

对于长波在液化层上的传播特性，这里将试验测量结果与 KdV 方程及 Liu 和 Chan[169] 的理论计算结果进行比较。图 2.35 中分别展示了试验组次 C12 中海床液化深度达到 27 cm 时，入射波浪经过 $x'=1$ m、$x'=2$ m、$x'=3.5$ m 和 $x'=5$ m 四个位置时的波形。由图可知，与 Liu 和 Chan[169] 解相比，KdV 方程计算结果的波峰及波谷位置与测量结果更加接近，但是波高差别较大；Liu 和 Chan[169]解计算结果的波高与试验测量结果较为吻合，但是波峰及波谷位置与试验测量结果之间存在一定差异。这主要是 KdV 方程中未考虑液化层内黏性剪切流动对波浪能量的耗散作用，Liu 和 Chan 解[169] 又未考虑波浪传播过程中的非线性作用。

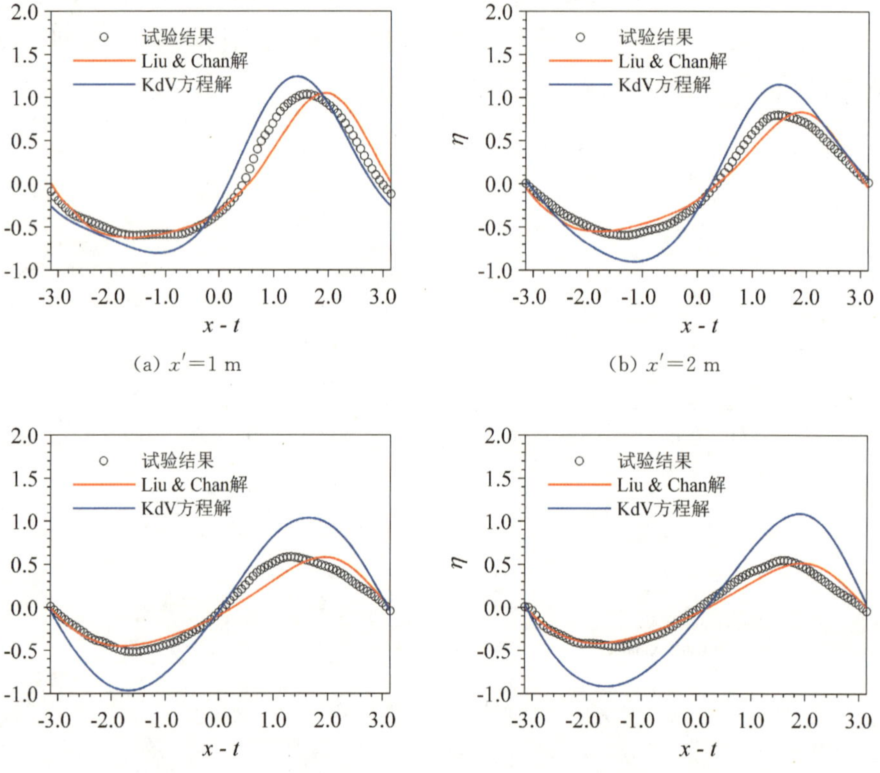

(a) $x'=1$ m　(b) $x'=2$ m

(c) $x'=3.5$ m　(d) $x'=5$ m

图 2.35　自由液面波形的测量结果及其与 KdV 方程及 Liu & Chan 解计算结果之间的比较

通过试验结果与浅水波理论比较可知，由于 KdV 方程中没有考虑海床动力响应对浅水波传播特性的影响，其理论计算结果无法描述浅水波传播过程中的能量耗散现象，导致 KdV 方程计算结果与试验测量结果在一些情况下存在较大误差。另一方面，现有的考虑海床动力响应的波浪解析理论均忽略了波浪非线性作用，无法反映浅水波传播过程中波-波相互作用而引起的波形演变。特别是对于渗透性良好的海床、沙纹床面和液化后海床上传播的浅水波，渗透耗散、沙纹地形引起的紊动耗散和液化层内的黏性耗散作用不可忽略，传统浅水波理论需要进行改进。因此，本书将在接下来的第三章、第四章和第五章中针对上述三种情况推导改进的浅水波理论模型，探讨海床动力响应对浅水波传播特性的影响。

2.6　本章小结

本章基于物理试验方法研究了浅水波与细砾质、细砂质和粉砂质海床相互作用，测量了波浪与海床相互作用过程中土体内的孔隙水压力、水底边界层周围的流速和波浪传播过程中的波形，分析了不同波浪条件和不同海床条件下土体动力响应的主要特征及波形变化特征。试验结果表明浅水波传播演变规律受波浪非线性和海床动力响应影响明显，一方面，受非线性影响，浅水波传播过程中伴随着波-波相互作用，波-波相互作用会导致浅水波形态不断发生变化，进而会对海床土体动力响应规律有重要影响；另一方面，海床土体动力响应会影响波浪传播过程中海床边界层条件，增加波浪能量的耗散，对波浪传播特性产生重要影响。

传统浅水波理论无法描述海床动力响应对波浪传播特性的影响，当海床渗透性较好、边界层内黏性耗散显著或海床土体液化时，基于 KdV 方程等浅水波理论的计算结果与观测结果之间会存在较大误差。已有的考虑了海床动力响应对波浪传播特性影响的解析理论忽略了波浪非线性作用，无法反映浅水波传播过程中的波-波相互作用机制，计算结果与试验观测结果之间也存在较大差异。

第三章

渗流对浅水波传播特性的影响理论研究

第二章浅水波与海床相互作用物理试验结果表明波浪在渗透性良好的细砾质海床上传播时，海床内渗流作用会对波浪边界层内水动力特征和波浪能量产生重要影响，导致传统浅水波理论与测量结果之间存在一定差异。本章将结合良好渗透性海床的基本特征，建立浅水波在渗透性良好的海床上传播的数学模型，推导浅水波在可渗透海床上传播演变的半解析理论，研究浅水波在渗透性良好的海床上传播演变规律，分析海床和边界层内部水动力特征以及波浪形态与波能变化特征，揭示渗流对浅水波传播演变规律的影响机理。

3.1 物理问题及其控制方程

3.1.1 物理问题及基本假定

如图 3.1 所示，考虑波面函数 $\eta'(x',t')$ 的浅水波在水深为 h' 的水面上传播，水波底部为砂质海床，海床厚度为 d'。在常温条件下，水的压缩系数在 10^{-10} m^2/N 量级，水体压缩对波浪运动的影响可以忽略；因此，研究中假定上层水体为不可压缩介质。另一方面，水的运动黏滞系数很小，波浪雷诺数 Re_w 很大，涡旋沿垂向的传播速度远小于其沿水平方向的传播速度。因此，本书中将水体部分划分为两个区域，上部区域无旋、无黏，称为核心区或外流区，下部区域为黏性起主导作用的有涡流动区域，即边界层或内流区，边界层的厚度与 $1/\sqrt{Re_w}$ 同阶。砂质海床刚度大、渗透性好，研究中假设土骨架是水力各向同性的不可压缩介质。土骨架之间的孔隙由海水和气体填充，孔隙流体为可以压缩介质。在渗透性良好的海床内，惯性力和黏性力都会显著影响海床表层流体运动特征[131]。

因此，研究中同样将海床划分为两个区域，上部边界层区域和下部稳定渗透区域。下部稳定渗流区域内不考虑惯性力的影响。

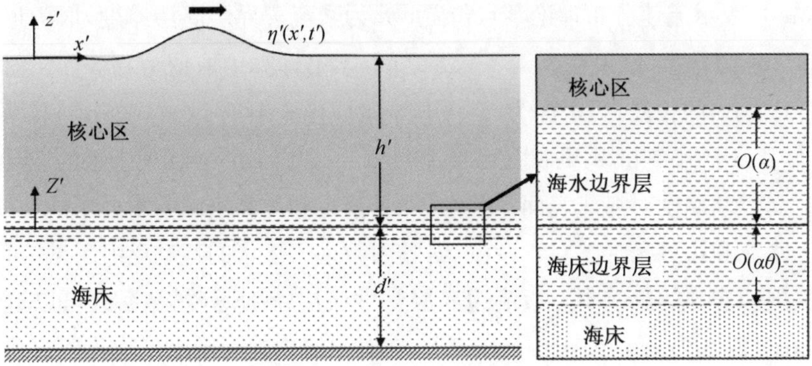

图 3.1　非线性波浪在砂质海床上传播示意图

3.1.2　控制方程

为了方便对波浪运动进行理论描述，研究中引入笛卡尔直角坐标系 $ox'z'$；坐标系的 x' 轴位于自由液面，指向与波浪传播方向相同，z' 轴沿垂直方向且静水面以上为正。基于浅水波运动特征，研究中将变量无因次化为

$$x = k'x',\quad z = z'/h',\quad t = k'\sqrt{gh'}t',\quad \eta = \eta'/a'_0 \tag{3.1.1a}$$

$$u = u'/\varepsilon\sqrt{gh'},\quad w = \mu w'/\varepsilon\sqrt{gh'},\quad p = p'/\rho_w g a'_0 \tag{3.1.1b}$$

其中，a'_0 表示特征波幅，(u', w') 表示水质点速度，p' 表示边界层内动水压强。边界层内流动是有旋的，水质点运动满足不可压缩流动的连续性方程和 Navier-Stokes(NS)方程，即

$$\frac{\partial u}{\partial x} + \frac{1}{\mu^2}\frac{\partial w}{\partial z} = 0 \tag{3.1.2}$$

$$\frac{\partial u}{\partial t} + \varepsilon u\frac{\partial u}{\partial x} + \frac{\varepsilon}{\mu^2}w\frac{\partial u}{\partial z} = -\frac{\partial p}{\partial x} + \alpha^2\frac{\partial}{\partial x}\left(v_e\frac{\partial u}{\partial x}\right) + \frac{\alpha^2}{\mu^2}\frac{\partial}{\partial z}\left(v_e\frac{\partial u}{\partial z}\right) \tag{3.1.3}$$

$$\frac{\partial w}{\partial t} + \varepsilon u\frac{\partial w}{\partial x} + \frac{\varepsilon}{\mu^2}w\frac{\partial w}{\partial z} = -\frac{\partial p}{\partial z} + \alpha^2\frac{\partial}{\partial x}\left(v_e\frac{\partial w}{\partial x}\right) + \frac{\alpha^2}{\mu^2}\frac{\partial}{\partial z}\left(v_e\frac{\partial w}{\partial z}\right) \tag{3.1.4}$$

其中，v_e 表示涡运动黏度 v'_e 与特征黏度 v'_0 之比，基于 Boussinesq 假定、混掺长度理论和普朗特流速分布律，边界层内涡运动黏度和特征黏度可以分别定义为

$$v'_e = \kappa_m u'_* (z' + h' + a_\delta \delta'_r),$$
$$v'_0 = (\kappa_m u'_*)^2 / k' \sqrt{gh'} \tag{3.1.5}$$

其中，$a_\delta \delta'_r$ 表示流速分布理论零点位置，δ'_r 为紊流边界层底层厚度，取为尼古拉兹糙度，a_δ 为常数，取值在 0.15～0.3 之间，本书计算中取值为 0.3[96]。对于砂质海床上运动的长波，当水深为 $h' = 10$ m 时，有 $k' = 3.14 \times 10^{-2}$ m^2；若摩阻流速 $u'_* = 1.4 \times 10^{-1}$ m/s，则特征黏度系数 $v'_0 = 10^{-2}$ m^2/s，远大于水的运动黏滞系数。涡运动黏度对海床表面摩阻力、能量损耗和波高衰减有重要影响，其取值取决于水流和边界条件。对于紊流，涡黏系数远大于水的运动黏滞系数，可以忽略黏性剪切应力的影响[8]。紊流边界层黏性底层特别薄，涡黏系数可以近似为常数，在过渡区内 $v'_e \propto (z' + h' + a_\delta \delta'_r)$，在对数区内涡运动黏度也可以近似为常数[115]。式(3.1.3)和式(3.1.4)中 α^2 为雷诺数的倒数，即

$$\alpha^2 = k' v'_0 / \sqrt{gh'} \tag{3.1.6}$$

当 $h' = O(10)$，$v'_0 = O(10^{-2})$ 时，ε、μ 和 α 近似满足

$$O(\alpha) = O(\varepsilon^2) = O(\mu^4) \tag{3.1.7}$$

Mei 和 Liu[171]指出在自由液面附近水平旋转速度远小于边界层内的水平旋转速度，前者在 $O(\alpha)$ 量级而后者在 $O(1)$ 量级。因此，理论模型中将核心区水体假定为不可压缩的无旋、无黏流体，速度势函数 ϕ 存在且满足 Laplace 方程和 Bernoulli 方程：

$$\frac{\partial^2 \phi}{\partial x^2} + \frac{1}{\mu^2} \frac{\partial^2 \phi}{\partial z^2} = 0 \tag{3.1.8}$$

$$-p = \frac{\partial \phi}{\partial t} + \frac{\varepsilon}{2} \left[\left(\frac{\partial \phi}{\partial x} \right)^2 + \frac{1}{\mu^2} \left(\frac{\partial \phi}{\partial z} \right)^2 \right] \tag{3.1.9}$$

海床边界层内的流动满足广义达西定律[149]，为了表达简洁，垂直方向引入局部坐标系 $Z' = z' + h'$，同时将变量无因次化为

$$x = k'x',\ Z = Z'/h',\ t = k' \sqrt{gh'} t' \tag{3.1.10}$$

$$u_s = u'_s / \varepsilon \sqrt{gh'},\ w_s = \mu w'_s / \varepsilon \sqrt{gh'},\ p_s = p'_s / \rho_w g a'_0 \tag{3.1.11}$$

式(3.1.10)和式(3.1.11)中，u'_s 和 w'_s 分别表示孔隙流体水平和垂直方向上的速度分量，p'_s 表示超静孔压。相应的无因次的广义达西定律可以表达为

$$\frac{\partial u_s}{\partial x}+\frac{1}{\mu^2}\frac{\partial w_s}{\partial Z}=-\frac{n\rho_w gh'}{K}\frac{\partial p_s}{\partial t} \tag{3.1.12}$$

$$\frac{\beta}{n}\left(\frac{\partial u_s}{\partial t}+\varepsilon u_s\frac{\partial u_s}{\partial x}+\frac{\varepsilon}{\mu^2}w_s\frac{\partial u_s}{\partial Z}\right)=-\beta\frac{\partial p_s}{\partial x}-u_s+\alpha^2\theta^2\left(\frac{\partial^2 u_s}{\partial x^2}+\frac{1}{\mu^2}\frac{\partial^2 u_s}{\partial Z^2}\right) \tag{3.1.13}$$

$$\frac{\beta}{n}\left(\frac{\partial w_s}{\partial t}+\varepsilon u_s\frac{\partial w_s}{\partial x}+\frac{\varepsilon}{\mu^2}w_s\frac{\partial w_s}{\partial Z}\right)=-\beta\frac{\partial p_s}{\partial Z}-w_s+\alpha^2\theta^2\left(\frac{\partial^2 w_s}{\partial x^2}+\frac{1}{\mu^2}\frac{\partial^2 w_s}{\partial Z^2}\right) \tag{3.1.14}$$

式(3.1.13)和式(3.1.14)中，β 和 θ 为无因次参数，β 表征土体的渗透性，θ 表征土颗粒的相对粗糙度(土颗粒的特征长度与海床边界层厚度之比)，β 和 θ 分别定义为

$$\beta=\frac{k_s}{v_w}k'\sqrt{gh'},\ \theta^2=v_s\frac{S^2}{80}\frac{k'\sqrt{gh'}}{v_s'},\ v_s=\frac{v_s'}{v_0'} \tag{3.1.15}$$

式(3.1.15)中，v_s' 表示海床边界层内孔隙流体的涡运动黏度；研究中假定海床边界层属于紊流边界层黏性底层区，涡黏系数 v_s' 为常数；S 表示土颗粒的特征长度，Hisao 等[145]指出对于非均匀土，S 可取值为中值粒径。

对于粗砂或砂砾海床，土体固结时间较短，容易达到密实状态。密实的砂床或砂砾单元的剪切模量远大于孔隙流体的压缩模量[48]，土体的压缩体积相比于孔隙流体的压缩体积可以忽略；另一方面，海床边界层以下孔隙流体的加速度很小，惯性力的影响可以忽略[85]，孔隙流体运动属于层流满足质量守恒且渗流流速可以采用达西定律描述，即

$$\frac{\partial u_s^{\mathrm{d}}}{\partial x}+\frac{1}{\mu^2}\frac{\partial w_s^{\mathrm{d}}}{\partial Z}=-\frac{n\rho_w gh'}{K}\frac{\partial p_s}{\partial t} \tag{3.1.16}$$

$$u_s^{\mathrm{d}}=-\beta\frac{\partial p_s}{\partial x},\ w_s^{\mathrm{d}}=-\beta\frac{\partial p_s}{\partial Z} \tag{3.1.17}$$

式(3.1.16)和式(3.1.17)中，上标 d 表示流速为达西渗流流速，K 表示孔隙流体的体积模量。

3.1.3　边界条件

在自由液面处，不考虑波浪破碎现象，波浪运动满足自由表面运动边界条件和动力边界条件，即

$$\frac{1}{\mu^2}\frac{\partial\phi}{\partial z}=\frac{\partial\eta}{\partial t}+\varepsilon\frac{\partial\phi}{\partial x}\frac{\partial\eta}{\partial x} \tag{3.1.18}$$

$$-\eta=\frac{\partial\phi}{\partial t}+\frac{\varepsilon}{2}\left[\left(\frac{\partial\phi}{\partial x}\right)^2+\frac{1}{\mu^2}\left(\frac{\partial\phi}{\partial z}\right)^2\right] \tag{3.1.19}$$

在水体边界层外缘，旋转流速分量为零。在海床和水体交界面上，满足速度连续和应力连续边界条件：

$$u_s=u,\qquad w_s=w \tag{3.1.20}$$

$$p_s=p,\qquad v_e\frac{\partial u}{\partial z}=v_s\frac{\partial u_s}{\partial Z} \tag{3.1.21}$$

在海床边界层外缘，流体运动无旋，同样满足旋转流速分量为零。而在海床底部满足不可渗透边界条件，即

$$\frac{\partial p_s}{\partial Z}=0 \tag{3.1.22}$$

研究中假定初始时刻水面静止，经过若干波浪荷载作用后波浪与海床系统会达到稳定状态。

3.2 初边值问题的理论解

3.2.1 变量的摄动分析

波浪与海床相互作用是一个复杂的多尺度问题，其中包括非线性尺度、频散尺度、黏性尺度和渗流尺度等。其中黏性尺度和渗流尺度远小于1，即 $O(\alpha)\ll 1$ 且 $O(\beta)\ll 1$；波浪运动零阶初边值问题的解不受流体黏性和渗流影响，从而可知零阶解与势流解相同。由线性波浪理论可知，浅水波在水底边界层外缘水平方向上势流流速为 $O(1)$ 量级，结合波浪与海床交界面上速度连续边界条件可知，水底边界层和海床边界层内水平方向的旋转速度分量也是 $O(1)$ 量级。另一方面，受波浪引起的动水压强影响，孔隙流体会形成渗流，根据达西定律可知，海床内的渗流流速与渗透系数密切相关，为 $O(\beta)$ 量级。砂质海床渗透性良好，渗透率 k_s 取值在 $10^{-13}\sim10^{-9}\,\mathrm{m}^2$ 之间。以细砾质海床为例，根据长波特征进行估算，不妨假设入射波浪条件满足 $\varepsilon=\mu^2=0.1$，若水深 $h'=10\,\mathrm{m}$，当 k_s 等于 $3.2\times10^{-9}\,\mathrm{m}^2$ 时，β 对应的值为 10^{-3}。因此，根据估算可知，对于渗透性良好的海

床可以假定 $O(\beta)=O(\alpha\mu)$。此外，模型中假定旋转流速只存在于边界层内，为了方便研究将流速分解为势流流速和旋转流速两部分。

基于以上分析可知，水底边界层内速度分量可以按照 α、β 摄动展开：

$$u=\frac{\partial\phi}{\partial x}+u_0^{\mathrm{r}}+\alpha u_{10}^{\mathrm{r}}+\beta u_{11}^{\mathrm{r}}+\cdots,\ w=\frac{\partial\phi}{\partial z}+\alpha\mu w_1^{\mathrm{r}}+\cdots \tag{3.2.1}$$

式(3.2.1)中，上标 r 表示旋转速度分量。类似地，可以将海床边界层内速度分量展开为

$$u_s=u_s^{\mathrm{d}}+u_{s,0}^{\mathrm{r}}+\alpha u_{s,10}^{\mathrm{r}}+\beta u_{s,11}^{\mathrm{r}}+\cdots,\ w_s=w_s^{\mathrm{d}}+\alpha\mu\theta w_{s,1}^{\mathrm{r}}+\cdots \tag{3.2.2}$$

式(3.2.1)和式(3.2.2)中，速度分量分别展开到 $O(\alpha)$ 和 $O(\beta)$ 量级，后面将对各个速度分量按非线性参数 ε 进一步展开。

3.2.2 海床内的无旋流动

海床内的渗流是由海床内超静孔隙水压力驱动，将式(3.1.17)代入式(3.1.16)可得

$$\mu^2\ell_z^2\frac{\partial^2 p_s}{\partial x^2}+\ell_z^2\frac{\partial^2 p_s}{\partial Z^2}=\frac{\partial p_s}{\partial t} \tag{3.2.3}$$

式(3.2.3)中，ℓ_z 为常数，定义为

$$\ell_z^2=\frac{1}{\mu^2}\frac{K\beta}{n\rho_w gh}, \tag{3.2.4}$$

连续的波浪序列引起的海床孔隙压力分布可以表示为

$$p_s=\frac{1}{2}\sum_{m=1}^{\infty}P_m(Z)\ \exp(im\varphi)+\mathrm{c.\,c.} \tag{3.2.5}$$

式(3.2.5)中，φ 表示载波的相位，$\varphi=x-t$。将式(3.2.5)代入式(3.2.3)中可得

$$\frac{\mathrm{d}^2 P_m}{\mathrm{d}Z^2}=\mathscr{G}_m^2 P_m \tag{3.2.6}$$

其中，

$$\mathscr{G}_m^2=\frac{\mu^2 m^2\ell_z^2-im}{\ell_z^2} \tag{3.2.7}$$

式(3.2.6)在海床底部边界上需要满足的边界条件为

$$\frac{\mathrm{d}P_m}{\mathrm{d}Z}=0 \tag{3.2.8}$$

在海床表面上，波浪引起的动水压强 p_b 可以表示为

$$p_b=\frac{1}{2}\sum_{m=1}^{\infty}P_{bm}\exp(im\varphi)+\text{c. c.} \tag{3.2.9}$$

因此，在海床表面上式(3.2.6)需要满足的边界条件为

$$P_m(Z=0)=P_{bm} \tag{3.2.10}$$

常微分方程式(3.2.6)满足上述边界条件的解为

$$P_m=\frac{P_{bm}\cosh\mathscr{G}_m(Z+d)}{\cosh\mathscr{G}_m d} \tag{3.2.11}$$

因此，式(3.2.3)的解为

$$p_s=\frac{1}{2}\sum_{m=1}^{\infty}\frac{P_{bm}\cosh\mathscr{G}_m(Z+d)}{\cosh\mathscr{G}_m d}\exp(im\varphi)+\text{c. c.} \tag{3.2.12}$$

通过式(3.2.12)可以得到海床内的超静孔隙水压力分布特征。为了验证解的可靠性，将其与 Liu 和 Jeng[172] 及 Liu 等[173] 的试验测量结果进行比较。Liu 和 Jeng 的试验中海床厚度为 1.8 m，海床土体的水力传导系数为 $\beta=1.33\times10^{-5}$，孔隙率为 0.425，饱和度为 0.975；试验中施加平均荷载等效于 5 m 深静水压，床面荷载随时间按正弦函数形式变化，所施加荷载对应的入射波浪波高为 3.5 m，波周期为 9 s，根据线性波浪理论的频散关系可知，入射波波长为 60.7 m。由以上试验条件可知，$\varepsilon=0.35$，$\mu^2=0.27$，$\ell_z^2=0.0049\ll1$，试验条件满足 Boussinesq 近似条件。图 3.2 分别给出了本书解(3.2.12)与 Hsu 和 Jeng[174] 解析解与试验测量结果的分布。为了充分验证，进一步将解与 Liu 等的试验结果进行比较，试验中海床土体的渗透性、孔隙率、波周期和波高与 Liu 和 Jeng[172] 的试验条件相同，海床土体的饱和度为 0.996；试验中对应的水深为 5.24 m，对应的波长为 61.7 m，对应的波浪条件同样满足 Boussinesq 近似条件。图 3.2 中也分别给出了 10 个循环荷载和 3 000 个循环荷载作用下海床内超静孔隙水压力幅值与解析解的分布。通过比较可知，解(3.2.12)可以准确地描述线性长波作用下海床土体内的超静孔隙水压力分布特征。

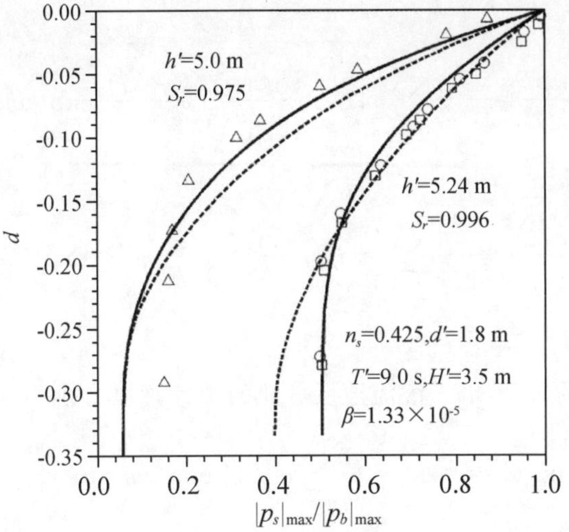

图 3.2 海床内超静孔隙水压力最大值的理论计算结果与试验测量结果之间的比较
(△Liu 和 Jeng 测量结果；□ Liu 等测量结果($N_c=10$)；○ Liu 等的测量结果($N_c=3000$)；
——本书解析解($m=1$)；……Hsu 和 Jeng 的解析解)

对于砂土 $\beta\in(10^{-5},10^{-3})$，海床土体的体积模量 $K\sim O(10^{7})$；对于长波，波浪要素满足 Boussinesq 假定[$O(\varepsilon)=O(\mu^{2})$]。由式(3.2.4)可知，$\ell_z^2$ 的取值与水深条件密切相关。不妨假定 $\varepsilon=\mu^{2}=0.2$，(1) 若水深较大，则 $\mu^{2}\ell_z^2\ll1$，从而 $\mathscr{G}_m^2\approx-im/\ell_z^2$，解可以退化为 Liu 等[43]所推导的一维解；(2) 若水深较小，如实验室条件下 $h'\sim O(10^{-1})$，则 $\ell_z^2\gg1$，从而 $\mathscr{G}_m^2\approx\mu^{2}m^{2}$，解退化为拉普拉斯方程的解，即稳态渗流解。图 3.3 分别给出了 $\ell_z^2=0.1$，$\ell_z^2=1$ 和 $\ell_z^2=10$ 时，解的幅值沿垂直方向的分布曲线。

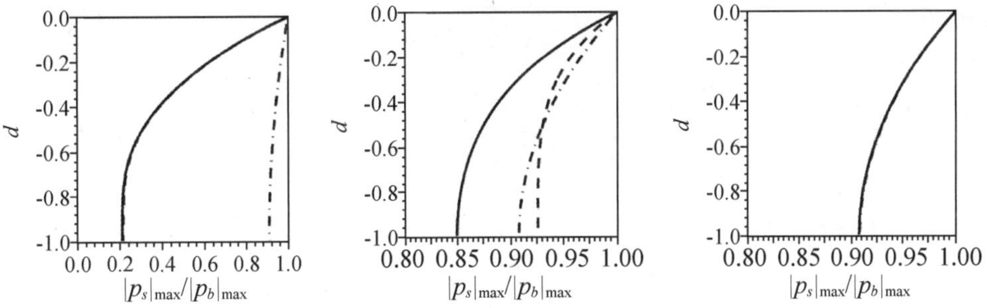

(a) $\ell_z^2=0.1$ (b) $\ell_z^2=1$ (c) $\ell_z^2=10$

图 3.3 不同水深条件下海床内超静孔隙水压力分布
(—本书解；---Liu 等的解；-·稳态渗流解)

进一步将解(3.2.12)代入式(3.1.17)可知，海床内渗流速度的水平分量和

垂直分量分别为

$$u_s^{\mathrm{d}} = -\beta \frac{\partial p_s}{\partial x} = -\frac{\beta}{2}\sum_{m=1}^{\infty} imP_{bm}\frac{\cosh \mathcal{G}_m(Z+d)}{\cosh \mathcal{G}_m d}\exp(im\varphi) + \text{c. c.} \tag{3.2.13}$$

$$w_s^{\mathrm{d}} = -\beta \frac{\partial p_s}{\partial Z} = -\frac{\beta}{2}\sum_{m=1}^{\infty} \mathcal{G}_m P_{bm}\frac{\sinh \mathcal{G}_m(Z+d)}{\cosh \mathcal{G}_m d}\exp(im\varphi) + \text{c. c.} \tag{3.2.14}$$

特别地，在海床表面上，水平渗流速度和垂直渗流速度分别为

$$u_s^{\mathrm{d}}(Z=0) = -\frac{\beta}{2}\sum_{m=1}^{\infty} imP_{bm}\exp(im\varphi) + \text{c. c.} \tag{3.2.15}$$

$$w_s^{\mathrm{d}}(Z=0) = -\frac{\beta}{2}\sum_{m=1}^{\infty} \mathcal{G}_m P_{bm}\tanh \mathcal{G}_m d\ \exp(im\varphi) + \text{c. c.} \tag{3.2.16}$$

式(3.2.15)和式(3.2.16)表明波浪边界层内流速需要根据渗流流速进行修正且修正的流速分量为$O(\beta)$量级。

3.2.3 边界层内流动

将式(3.2.1)代入式(3.1.2)和式(3.1.3)可得旋转流速的各零阶速度分量(为了表达简洁，下文中零阶旋转流速分量仍用 u_0^{r} 、w_1^{r} 、$u_{s,0}^{\mathrm{r}}$ 和 $w_{s,1}^{\mathrm{r}}$ 表示)对应的控制方程，其中旋转流速的零阶速度分量满足的连续性方程和动量方程分别为

$$\frac{\partial u_0^{\mathrm{r}}}{\partial x} + \frac{\partial w_1^{\mathrm{r}}}{\partial \mathcal{U}} = 0 \tag{3.2.17}$$

$$\frac{\partial u_0^{\mathrm{r}}}{\partial t} = \mathcal{U}\frac{\partial^2 u_0^{\mathrm{r}}}{\partial \mathcal{U}^2} + \frac{\partial u_0^{\mathrm{r}}}{\partial \mathcal{U}} \tag{3.2.18}$$

其中，$\mathcal{U}$表示垂直方向上的坐标变换，定义为

$$\mathcal{U} = \frac{\mu}{\alpha}(z+1) + \hbar,\ \hbar = \frac{\mu}{\alpha}\frac{a_\delta \delta'_r}{h'} \tag{3.2.19}$$

类似地，将式(3.2.2)代入式(3.1.12)和式(3.1.13)可得

$$\frac{\partial u_{s,0}^{\mathrm{r}}}{\partial x} - \frac{\partial w_{s,1}^{\mathrm{r}}}{\partial \mathcal{V}} = 0 \tag{3.2.20}$$

$$\frac{\partial^2 u_{s,0}^{\mathrm{r}}}{\partial \mathscr{V}^2} - u_{s,0}^{\mathrm{r}} = 0 \tag{3.2.21}$$

其中，$\mathscr{V}$ 表示垂直方向上的拉伸变换，定义为

$$\mathscr{V} = -\frac{\mu}{\alpha\theta} Z \tag{3.2.22}$$

在水底边界层的外缘，旋转流速趋向于0，即

$$u_0^{\mathrm{r}} \to 0,\ w_1^{\mathrm{r}} \to 0,\ \text{当}\ \mathscr{U} \to \infty \tag{3.2.23}$$

在水体与海床交界面上，速度连续和应力连续边界条件为

$$u_b + u_0^{\mathrm{r}} = u_{s,0}^{\mathrm{r}},\ \frac{\partial \varphi}{\partial z} = -\alpha\mu w_1^{\mathrm{r}} + w_s^{\mathrm{d}} + \alpha\mu\theta w_{s,1}^{\mathrm{r}},\text{当}\ \mathscr{U} = \hbar \tag{3.2.24a}$$

$$\frac{\partial u_0^{\mathrm{r}}}{\partial \mathscr{U}} = -\frac{1}{\theta}\frac{\partial u_{s,0}^{\mathrm{r}}}{\partial \mathscr{V}},\text{当}\ \mathscr{U} = \hbar \tag{3.2.24b}$$

其中，u_b 表示床面处无旋速度分量。在海床边界外缘，旋转速度分量通量为零。

$$u_{s,0}^{\mathrm{r}} \to 0,\qquad w_{s,1}^{\mathrm{r}} \to 0,\qquad \text{当}\ \mathscr{V} \to \infty \tag{3.2.25}$$

浅水波与海床相互作用过程中非线性作用不可忽略，为了考虑非线性对解的影响，不妨将变量在边界层内进行傅里叶级数展开

$$u_0^{\mathrm{r}} = \frac{1}{2}\sum_{m=1}^{\infty} U_m(\mathscr{U})\exp(im\varphi) + \text{c. c.} \tag{3.2.26a}$$

$$u_b = \frac{1}{2}\sum_{m=1}^{\infty} b_m \exp(im\varphi) + \text{c. c.} \tag{3.2.26b}$$

$$u_{s,0}^{\mathrm{r}} = \frac{1}{2}\sum_{m=1}^{\infty} V_m(\mathscr{V})\exp(im\varphi) + \text{c. c.} \tag{3.2.26c}$$

将上述级数解(3.2.26)代入控制方程式(3.2.18)和式(3.2.21)可得

$$\mathscr{U}\frac{\mathrm{d}^2 U_m}{\mathrm{d}\mathscr{U}^2} + \frac{\mathrm{d}U_m}{\mathrm{d}\mathscr{U}} = -imU_m,\ m = 1,2,3,\cdots \tag{3.2.27}$$

$$\frac{\mathrm{d}^2 V_m}{\mathrm{d}\mathscr{V}^2} - V_m = 0,\ m = 1,2,3,\cdots \tag{3.2.28}$$

上述控制方程对应的边界条件为

$$U_m(\mathscr{U}) \to 0,\ \text{当}\ \mathscr{U} \to \infty \tag{3.2.29a}$$

$$V_m(\mathscr{V}) \to 0,\ \text{当}\ \mathscr{V} \to \infty \tag{3.2.29b}$$

$$b_m + U_m = V_m, \qquad \text{当}\ \mathscr{U} = \hbar(\text{相应地}\ \mathscr{V} = 0) \tag{3.2.29c}$$

$$\frac{\mathrm{d}U_m}{\mathrm{d}\mathscr{U}} = -\frac{1}{\theta}\frac{\mathrm{d}V_m}{\mathrm{d}\mathscr{V}}, \qquad \text{当}\ \mathscr{U} = \hbar(\text{相应地}\ \mathscr{V} = 0) \tag{3.2.29d}$$

式(3.2.27)为二阶非线性常微分方程，为了方便求解，需要对其形式进行转化，引入坐标变换 $\mathscr{W}_m$ 且该坐标变换定义为

$$\mathscr{W}_m = 2\sqrt{im\mathscr{U}} \tag{3.2.30}$$

在 $\mathscr{W}_m$ 坐标系下，式(3.2.27)可以转化为

$$\mathscr{W}_m^2\frac{\mathrm{d}^2U_m}{\mathrm{d}\mathscr{W}_m^2} + \mathscr{W}_m\frac{\mathrm{d}U_m}{\mathrm{d}\mathscr{W}_m} + \mathscr{W}_m^2U_m = 0 \tag{3.2.31}$$

式(3.2.31)为贝塞尔方程，其通解为

$$U_m(\mathscr{W}_m) = B_mJ_0(\mathscr{W}_m) + C_mY_0(\mathscr{W}_m) \tag{3.2.32a}$$

其中，B_m和 C_m为待定常数，$J_0(\mathscr{W}_m)$ 和 $Y_0(\mathscr{W}_m)$ 分别为 0 阶第一类和第二类贝塞尔函数，又被分别称为贝塞尔函数和诺依曼函数。$J_0(\mathscr{W}_m)$ 的实部和虚部为 0 阶第一类开尔文函数(或汤姆森函数)[$\mathrm{ber}(i^{\frac{3}{2}}\mathscr{W}_m)$ 和 $\mathrm{bei}(i^{\frac{3}{2}}\mathscr{W}_m)$]。根据第一类开尔文函数性质可知，当 $\mathscr{W}_m \to \infty$ 时，$\mathrm{ber}(i^{\frac{3}{2}}\mathscr{W}_m)$ 和 $\mathrm{bei}(i^{\frac{3}{2}}\mathscr{W}_m)$ 无界，这表明第一类贝塞尔函数不满足边界条件，不是初边值问题的解。同理可知，$Y_0(\mathscr{W}_m)$ 和第二类汉克尔函数 $H_0^{(2)}(\mathscr{W}_m)$ 也不是初边值问题的解，因此，式(3.2.31)的通解形式可以确定为

$$U_m(\mathscr{W}_m) = D_mH_0^{(1)}(\mathscr{W}_m) \tag{3.2.32b}$$

式(3.2.32b)中，$H_0^{(1)}(\mathscr{W}_m)$ 为 0 阶第一类汉克尔函数。根据第一类汉克尔函数的性质可知，$\pi iH_0^{(1)}(i\mathscr{W}_m)/2$ 的实部和虚部分别为 $\mathrm{ker}(2\sqrt{m\mathscr{U}})$ 和 $\mathrm{kei}(2\sqrt{m\mathscr{U}})$，$\mathrm{ker}(2\sqrt{m\mathscr{U}})$ 和 $\mathrm{kei}(2\sqrt{m\mathscr{U}})$ 也被称为第二类开尔文函数。当 $m=1,2,3$ 时，第二类开尔文函数的图像如图 3.4 所示。由图可知，当水质点与交界面之间距离 $\mathscr{U}$大于 4 时，$\mathrm{ker}(2\sqrt{m\mathscr{U}})$ 和 $\mathrm{kei}(2\sqrt{m\mathscr{U}})$ 趋近于 0。

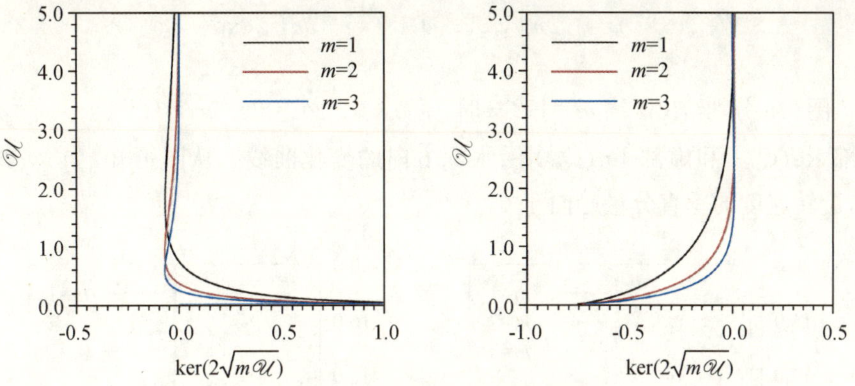

图 3.4　第二类开尔文函数图像

另一方面，式(3.2.28)为二阶齐次常微分方程，其对应的特征方程的特征根为± 1，因此，通解可以表达为

$$V_m(\mathscr{V}) = E_m \exp(\mathscr{V}) + F_m \exp(-\mathscr{V}) \tag{3.2.33}$$

其中，E_m和F_m为待定常数。边界条件(3.2.29b)表明$\mathscr{V}\to\infty$时，$V_m(\mathscr{V})\to 0$；从而可知$E_m=0$。再结合边界条件(3.2.29c)和(3.2.29d)，待定常数D_m和F_m可以确定为

$$D_m = -M_m b_m,\ F_m = N_m b_m \tag{3.2.34}$$

其中，

$$M_m = \frac{\lambda_m}{i2m\theta H_1^{(1)}(\lambda_m) + \lambda_m H_0^{(1)}(\lambda_m)} \tag{3.2.35a}$$

$$N_m = \frac{i2m\theta H_1^{(1)}(\lambda_m)}{i2m\theta H_1^{(1)}(\lambda_m) + \lambda_m H_0^{(1)}(\lambda_m)} \tag{3.2.35b}$$

其中，$\lambda_m = 2\sqrt{im\hbar}$，$H_1^{(1)}(\mathscr{W}_m)$表示1阶第一类汉克尔函数。将水底边界层和海床边界层内水平方向旋转流速解代入连续性方程式(3.2.17)和式(3.2.20)，再沿垂向积分可得各谐波在水底边界层内的旋转速度垂直分量$W_m(\mathscr{W}_m)$及海床边界层内旋转速度的垂直分量$W_{s,m}(\mathscr{V})$，

$$W_m(\mathscr{W}_m) = \int_{\mathscr{W}_m}^{\infty} \frac{1}{2}\vartheta U_m(\vartheta)\,\mathrm{d}\vartheta = -\frac{1}{2} D_m H_1^{(1)}(\mathscr{W}_m)\mathscr{W}_m \tag{3.2.36}$$

$$W_{s,m}(\mathscr{V})=-im\int_{\mathscr{V}}^{\infty}V_m(-\vartheta)\mathrm{d}\vartheta=-imF_m\exp(-\mathscr{V}) \tag{3.2.37}$$

图 3.5 分别给出了当 $m=1,2,3$ 时，函数 $Q_m(\mathscr{U})=2\sqrt{im\mathscr{U}}H_1^{(1)}(2\sqrt{im\mathscr{U}})$ 的实部 $\mathrm{Re}(Q_m)$ 和虚部 $\mathrm{Im}(Q_m)$ 沿水深方向的变化曲线。从图可知，当 $\mathscr{U}\geqslant 12$ 时，旋转速度的垂直分量趋向于 0。

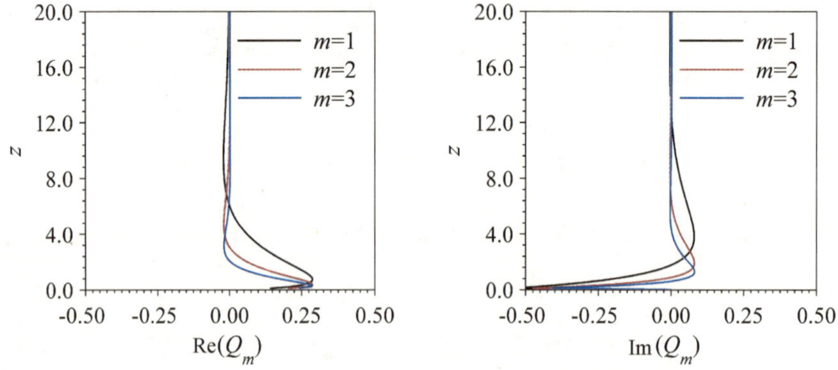

图 3.5　旋转速度垂向速度分量沿水深方向的变化曲线

将式(3.2.36)和式(3.2.37)分别代入水底边界层和海床边界层的连续性方程再沿垂向进行积分可以获得旋转速度在垂直方向的分量，w_1^{r} 和 $w_{s,1}^{\mathrm{r}}$ 的表达式为

$$w_1^{\mathrm{r}}=\frac{1}{2}\sum_{m=1}^{\infty}\frac{1}{2}M_m b_m H_1^{(1)}(\mathscr{W}_m)\mathscr{W}_m\exp(im\varphi)+\text{c. c.} \tag{3.2.38}$$

$$w_{s,1}^{\mathrm{r}}=-\frac{1}{2}\sum_{m=1}^{\infty}imN_m b_m\exp(-\mathscr{V})\exp(im\varphi)+\text{c. c.} \tag{3.2.39}$$

在海床表面上，旋转流速的垂直分量为

$$w_1^{\mathrm{r}}(\mathscr{U}=\hbar)=\frac{1}{2}\sum_{m=1}^{\infty}\frac{1}{2}\lambda_m H_1^{(1)}(\lambda_m)M_m b_m\exp(im\varphi)+\text{c. c.} \tag{3.2.40}$$

$$w_{s,1}^{\mathrm{r}}(\mathscr{V}=0)=-\frac{1}{2}\sum_{m=1}^{\infty}imN_m b_m\exp(im\varphi)+\text{c. c.} \tag{3.2.41}$$

海床表面的剪切应力对波浪运动和泥沙起动十分重要，根据边界层区域剪切应力的定义可知黏性剪切应力的无量纲形式为

$$\tau=\mathscr{U}\frac{\partial u_0^{\mathrm{r}}}{\partial\mathscr{U}} \tag{3.2.42}$$

将 u_0^r 的表达式代入式(3.2.42)后有

$$\tau = \frac{1}{2}\sum_{m=1}^{\infty}\frac{1}{2}M_m b_m \mathscr{W}_m H_1^{(1)}(\mathscr{W}_m)\exp(im\varphi) + \text{c. c.} \tag{3.2.43}$$

特别在海床床面上，黏性剪切应力为

$$\tau_b = \frac{1}{2}\sum_{m=1}^{\infty}\frac{1}{2}M_m \lambda_m H_1^{(1)}(\lambda_m)\exp(im\varphi) + \text{c. c.} \tag{3.2.44}$$

3.2.4 核心区的波浪运动

根据瑞利的研究[112]，浅水长波的速度势函数可以沿水深方向展开为$(z+1)$的级数形式：

$$\phi(x,z,t) = \phi_0(x,t) + (z+1)\phi_1(x,t) + (z+1)^2\phi_2(x,t) + \cdots \tag{3.2.45}$$

将式(3.2.45)代入拉普拉斯方程式(3.1.8)可得如下递推关系：

$$\phi_{m+2} = -\frac{\mu^2}{(m+2)(m+1)}\frac{\partial^2\phi_m}{\partial x^2},\ m = 0,\ 1,\ 2,\ \cdots \tag{3.2.46}$$

且对应的奇数项和偶数项的首项分别满足：

$$u_b = \frac{\partial\phi_0(x,t)}{\partial x},\ \phi_1(x,t) = \left.\frac{\partial\phi(x,z,t)}{\partial z}\right|_{z=-1} \tag{3.2.47}$$

将势函数展开式与递推关系式代入自由表面运动边界条件和动力边界条件可得

$$\frac{\partial\eta}{\partial t} + \frac{\partial}{\partial x}[(1+\varepsilon\eta)\bar{u}] - \frac{\phi_1}{\mu^2} = O(\varepsilon\mu^2, \mu^4) \tag{3.2.48}$$

$$\frac{\partial\bar{u}}{\partial t} + \frac{\partial\eta}{\partial x} + \varepsilon\bar{u}\frac{\partial\bar{u}}{\partial x} - \frac{\mu^2}{3}\frac{\partial^3\bar{u}}{\partial x^2\partial t} = O(\varepsilon\mu^2, \mu^4) \tag{3.2.49}$$

其中，$\bar{u}$ 是水深水平方向平均势流流速，可以表示为

$$\bar{u} = \frac{1}{1+\varepsilon\eta}\int_{-1}^{\varepsilon\eta}\frac{\partial\phi}{\partial x}\mathrm{d}z = u_b - \frac{\mu^2}{6}(1+\varepsilon\eta)^2\frac{\partial^2 u_b}{\partial x^2} + O(\mu^4) \tag{3.2.50}$$

式(3.2.48)和式(3.2.49)为改进的 Boussinesq 方程，方程同时考虑了海床内渗流与边界层内黏性剪切流对浅水波传播特性的影响。若令 $\alpha = 0$，$\beta = 0$，

则上述方程退化为传统 Boussinesq 方程。

3.2.5 改进的 KdV 方程及其解

为了分析波高的衰减速率，研究中引入移动坐标系，移动坐标系的坐标变量分别定义为

$$\varphi = x - t, \qquad X = \varepsilon x \tag{3.2.51}$$

其中，X 表示 ε 阶慢变空间坐标。在移动坐标系下，相关的偏导数可以转变为

$$\frac{\partial}{\partial t} \to -\frac{\partial}{\partial \varphi}, \frac{\partial}{\partial x} \to \frac{\partial}{\partial \varphi} + \varepsilon \frac{\partial}{\partial X} \tag{3.2.52}$$

将式(3.2.52)代入 Boussinesq 方程并结合一阶精度近似 $\bar{u} = \eta$，可得

$$\frac{\partial \eta}{\partial X} + \frac{3}{4}\frac{\partial \eta^2}{\partial \varphi} + \frac{1}{6}\frac{\mu^2}{\varepsilon}\frac{\partial^3 \eta}{\partial \varphi^3} - \frac{\phi_1}{2\varepsilon\mu^2} = O(\varepsilon) \tag{3.2.53}$$

式(3.2.53)为修正的 KdV 方程，通过求解修正的 KdV 方程可以得到波高的衰减速率。

3.2.5.1 线性解

忽略频散性和非线性对浅水波传播的影响，对修正的 KdV 方程进行线性化，可得

$$\frac{\partial \eta}{\partial X} = \frac{\phi_1}{2\varepsilon\mu^2} \tag{3.2.54}$$

对于线性长波，波面函数可以表示为

$$\eta = \frac{1}{2}A(X)\exp(i\varphi) + \text{c. c.} \tag{3.2.55}$$

根据自由液面运动边界条件和动力边界条件，可知

$$\eta = p_b + O(\varepsilon) = -\frac{\partial \phi_0}{\partial t} + O(\varepsilon) \Rightarrow A = p_{b1} + O(\varepsilon) = b_1 + O(\varepsilon) \tag{3.2.56}$$

在移动坐标系下，海床表面垂直方向的速度连续边界条件可以表达为

$$\phi_1 = \frac{1}{2}\psi_1 A\exp(i\varphi) + \text{c. c.} \tag{3.2.57}$$

其中，

$$\psi_1 = -\alpha\mu\left[\frac{1}{2}M_1\lambda_1 H_1^{(1)}(\lambda_1) + i\theta m N_1\right] - \beta\mathscr{G}_1\tanh\mathscr{G}_1 d \tag{3.2.58}$$

将式(3.2.55)和式(3.2.57)代入式(3.2.54)，可得

$$\frac{\mathrm{d}A}{\mathrm{d}X} = \frac{\psi_1}{2\varepsilon\mu^2}A \tag{3.2.59}$$

令 $\mathscr{D} = \mathscr{D}_r + i\mathscr{D}_i = \psi_1/2\varepsilon\mu^2$，则式(3.2.59)的解可以表示为

$$A(X) = a_0\exp(-\mathscr{D}_i X)\exp(i\mathscr{D}_r X) \tag{3.2.60}$$

其中，$\mathscr{D}_i$ 表示波高衰减率，$\mathscr{D}_r$ 表示波数偏移。

3.2.5.2　非线性解

对于连续的波浪序列，其自由液面可以按照傅里叶级数展开为

$$\eta = \frac{1}{2}\sum_{m=1}^{\infty}A_m\exp(im\varphi) + \mathrm{c.\,c.} \tag{3.2.61}$$

根据自由液面的运动边界条件和动力边界条件可知

$$\eta = p_b + O(\varepsilon) = -\frac{\partial\phi_0}{\partial t} + O(\varepsilon) \Rightarrow A_m = P_{bm} + O(\varepsilon) = b_m + O(\varepsilon) \tag{3.2.62}$$

因此，在移动坐标系下，海床表面垂直方向速度连续边界条件可以表达为

$$\phi_1 = \frac{1}{2}\alpha\mu\sum_{m=1}^{\infty}\psi_m A_m\exp(im\varphi) + \mathrm{c.\,c.} \tag{3.2.63}$$

其中，ψ_m 是 m 的函数，在实际外海条件下 ψ_m 可以表示为

$$\psi_m = -\left[\frac{1}{2}M_m\lambda_m H_1^{(1)}(\lambda_m) + i\theta m N_m\right] - \frac{\beta}{\alpha\mu}\mathscr{G}_m\tanh\mathscr{G}_m d \tag{3.2.64}$$

将式(3.2.61)和式(3.2.63)代入(3.2.53)，可得

$$\frac{\mathrm{d}A_m}{\mathrm{d}X} - \frac{im^3}{6}\frac{\mu^2}{\varepsilon}A_m + \frac{3im}{8}G_m = \frac{\alpha}{2\varepsilon\mu}\psi_m A_m \tag{3.2.65}$$

其中，

$$G_m = \sum_{j=1}^{\infty} 2A_j^* A_{m+j} + \sum_{j=1}^{[m/2]} \alpha_j A_j A_{m-j} \tag{3.2.66}$$

式(3.2.66)中，A_j^* 表示 A_j 的共轭复数，$[m/2]$ 表示 $m/2$ 的整数部分，α_j 为常数，若 m 是奇数，则 $\alpha_j \equiv 2$；若 m 为偶数，则

$$\begin{cases} \alpha_j = 2, & \text{当 } j = 1,2,\cdots,\dfrac{m}{2}-1 \\ \alpha_j = 1, & \text{当 } j = \dfrac{m}{2} \end{cases} \tag{3.2.67}$$

式(3.2.65)为变量 $A_m(m = 1,2,3,\cdots)$ 的一阶线性常微分方程组，截断后该方程组可以通过有限差分方法进行数值求解。

3.3 理论验证

本书第二章中的试验近似满足理论假定，本小节将采用试验结果对 3.2 小节中的孔隙水压力、边界层内流速和自由液面位移的半解析理论进行验证。

3.3.1 海床内超静孔隙水压力验证

图 3.2 展示的验证结果表明本书方法可以合理地计算线性波浪荷载作用下海床土体内的孔隙水压力分布，因此，这里主要验证解在非线性波浪荷载作用下的准确性，进一步将式(3.2.12)的计算结果与本书第二章中细砾质海床试验测量结果进行比较。这里选择的验证试验为细砾质海床试验 C2，试验具体参数见第二章 2.1 小节表 2.1 和表 2.2。验证过程中，首先对海床表面上孔隙水压力传感器所测得的动水压强按照傅里叶级数展开，计算谐波所对应的动水压强振幅 p_{bm} $(m=1,2,\cdots)$，再将 p_{bm} 的计算结果代入式(3.2.12)，计算海床内孔隙水压力的时间和空间分布。

图 3.6 中分别展示了试验中八个孔隙水压力传感器所在位置处超静孔隙水压力的计算结果和试验测量结果。试验结果显示该组次试验中超静孔隙水压力随时间变化的波形不对称，特别在 $x=4$ m 的剖面上孔隙水压力变化的波形还具有双峰值特点，具有比较强的非线性特征。通过比较可以发现理论计算结果和试验测量结果在 $x=1$ m 的剖面上十分吻合。在 $x=4$ m 的剖面上计算结果与测量结果相位也十分吻合，只有图 3.6(g)和图 3.6(h)的极小值附近计算结果与测量结果之间存在一定差异，这可能是由土动力分析的高阶解所产生。上述验证结果表明本

书所推导的解也可以准确地计算非线性长波作用下海床内孔隙水压力。

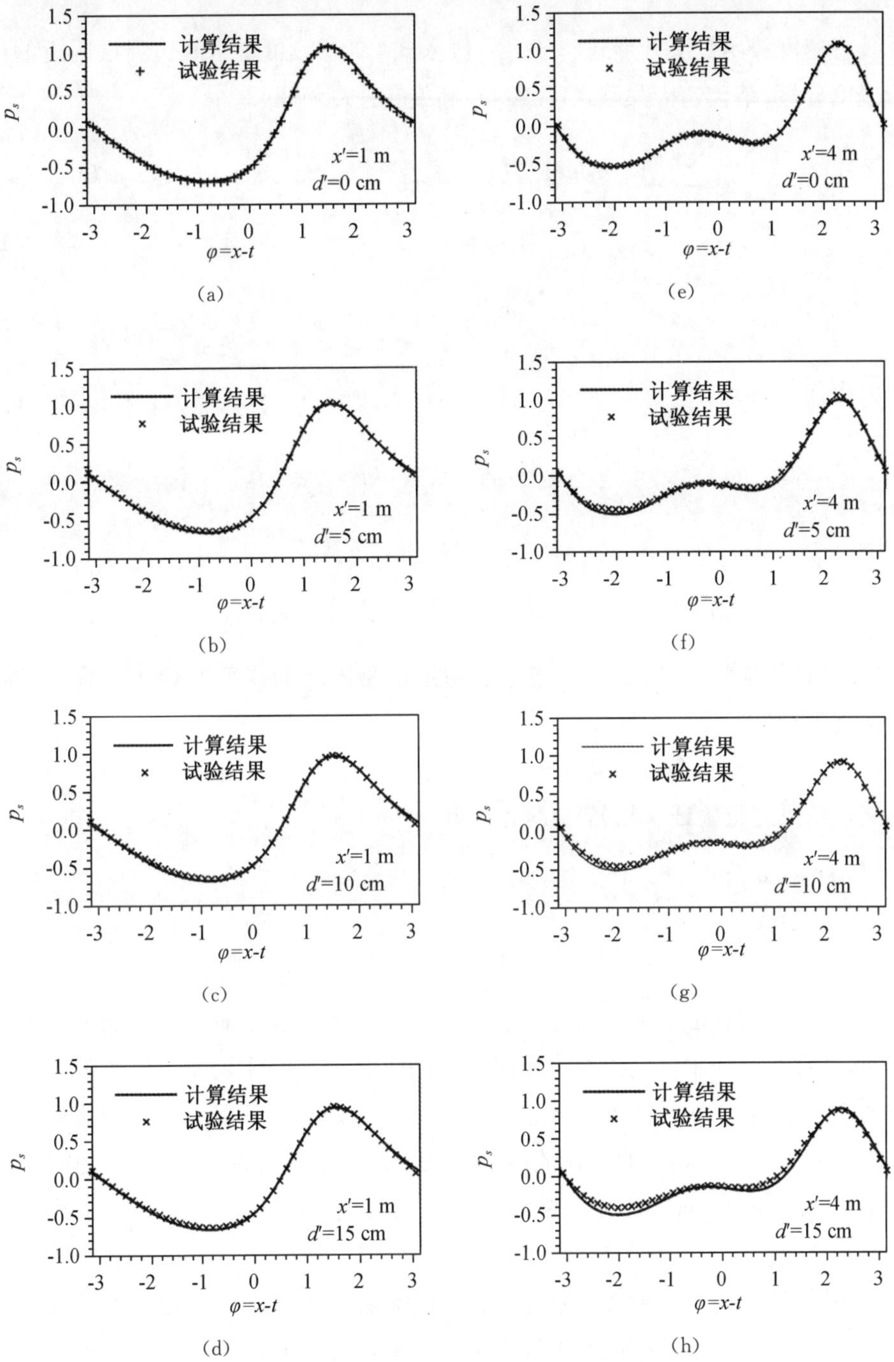

图 3.6　超静孔隙水压力解析解与试验测量结果之间的比较

3.3.2 水底边界层内流速验证

将速度势函数展开形式(3.2.45)代入式(3.2.1)可得水底边界层附近的零阶速度分量，结合递推关系式(3.2.46)和旋转速度解可得

$$u(x,\mathscr{U},t)=\frac{1}{2}\sum_{m=1}^{\infty}\left[1-M_m H_0^{(1)}(2\sqrt{im\mathscr{U}})\right]b_m\exp(im\varphi)+\text{c.c.}+O(\alpha,\beta) \tag{3.3.1}$$

$$w(x,\mathscr{U},t)=w_s^{\mathrm{d}}+\alpha\mu\theta w_{s,1}^{\mathrm{r}}-\alpha\mu(\mathscr{U}-\hbar)\frac{\partial u_b}{\partial x}+O(\alpha\mu^3) \tag{3.3.2}$$

将解(3.2.16)，式(3.2.41)和解(3.2.26)代入式(3.3.2)，式(3.3.2)可表示为

$$w(x,\mathscr{U},t)=-\frac{1}{2}\sum_{m=1}^{\infty}\mathscr{E}(m,\mathscr{U})\,b_m\exp(im\varphi)+\text{c.c.}+O(\alpha\mu\varepsilon,\alpha\mu^3) \tag{3.3.3}$$

其中，

$$\mathscr{E}(m,\mathscr{U})=\beta\mathscr{G}_m\tanh\mathscr{G}_m d+im\alpha\mu\theta N_m+im\alpha\mu(\mathscr{U}-\hbar) \tag{3.3.4}$$

式(3.3.1)和式(3.3.3)表明在边界层附近水平方向的速度为 $O(1)$，垂直方向的速度为 $O(\alpha\mu)$。

为与孔隙水压力验证保持统一，边界层周围流速验证同样选取试验组次 C2 的测量结果进行验证，根据势流理论可知

$$\frac{\partial\phi(x,\mathscr{U},t)}{\partial x}=u_b(x,t)-\frac{\alpha^2}{2}(\mathscr{U}-\hbar)^2\frac{\partial^2 u_b}{\partial x^2}+\cdots=u_b(x,t)+O(\alpha^2) \tag{3.3.5}$$

式(3.3.5)表明验证中可以用边界层外缘的流速近似表示海床表面处无旋水平流速。因此，验证中首先根据边界层外缘的流速求出海床表面流速各阶分量对应的流速振幅 $b_m(m=1,2,\cdots)$。图 3.7(a)中分别给出了 $x'=1$ m 处边界层外缘自由来流速度随相位的变化曲线及其前十阶模态近似曲线。同时，图中还给出了相同剖面上床面动水压强随相位的变化曲线。图 3.7(b)中进一步给出了自由来流速度测量结果与近似结果以及自由来流速度与床面动水压强之间的差异。由图可知，前十阶模态结果与试验测量结果十分吻合，二者之间的最大相对误差不超过 9%；自由来流速度和床面动水压强之间的比较结果也表明二者较好地满足一阶近似关系 $P_{bm}=b_m+O(\varepsilon)$。

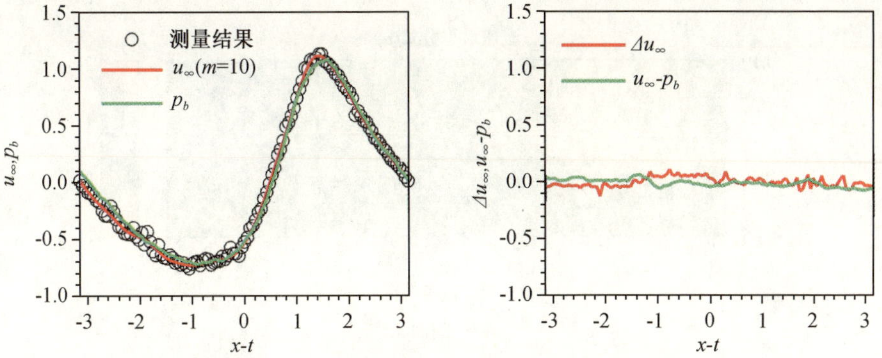

(a) (b)

图 3.7 边界层内无旋速度水平分量与其前十阶模态近似曲线

因此，将 $b_m(m=1,2,\cdots,10)$代入式(3.3.1)可得边界层内水平流速的垂向分布随相位变化规律；图 3.8 分别展示了剖面 2 ($x'=0.75$ m)、剖面 3 ($x'=2.75$ m) 和剖面 4 ($x'=4.25$ m) 上流速的计算结果。图 3.9 中进一步比较了相同相位条件下，理论计算结果和试验测量结果的垂向分布的差异。由图可知，边界层内流速的理论计算结果与试验测量结果整体趋势较为一致，底部的误差可由边界层内旋转流速高阶解阐述，这表明式(3.3.4)可以较好地描述边界层内水平流速特征。

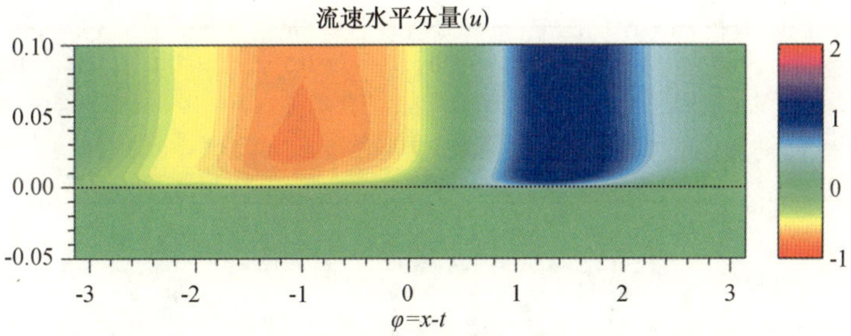

(a) 剖面 2

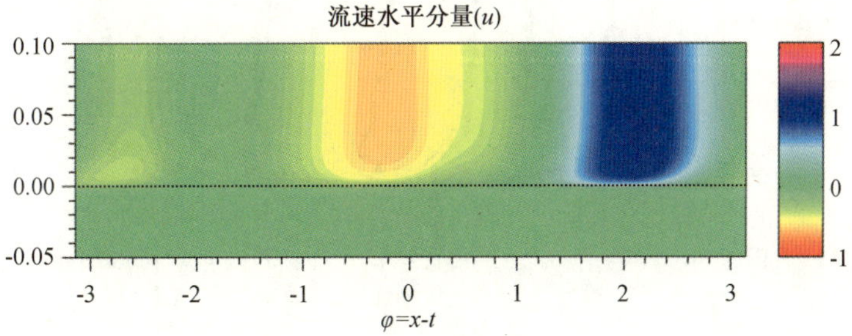

(b) 剖面 3

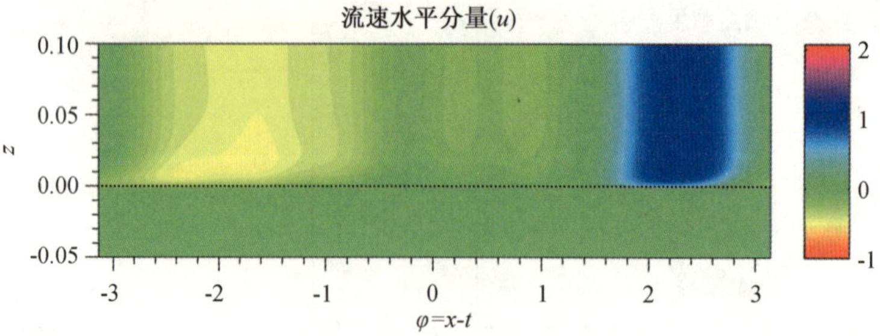

(c) 剖面 4

图 3.8　边界层内水平流速分布

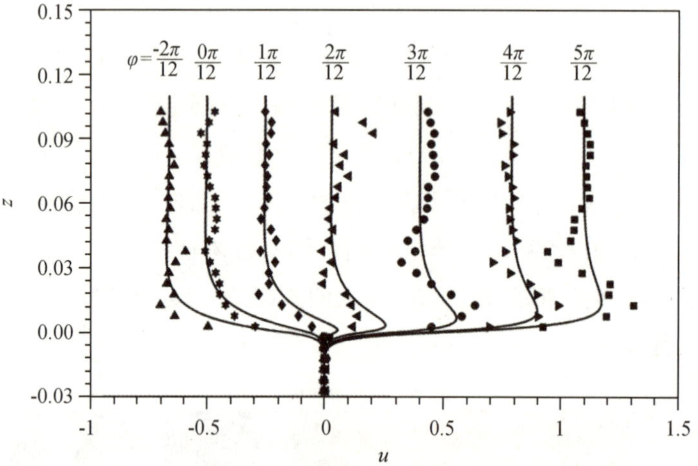

(a) 剖面 2

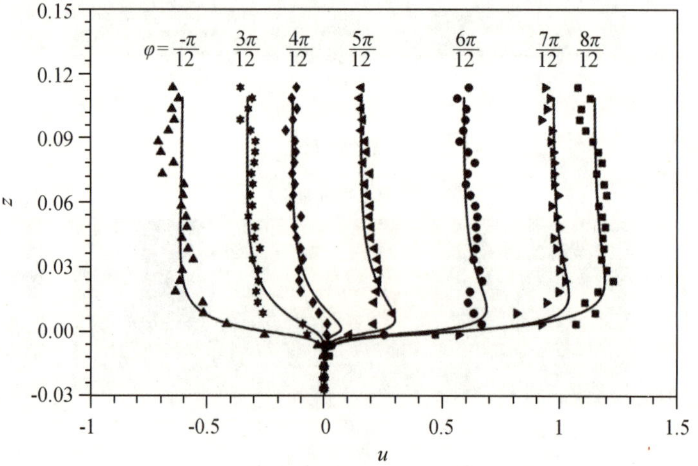

(b) 剖面 3

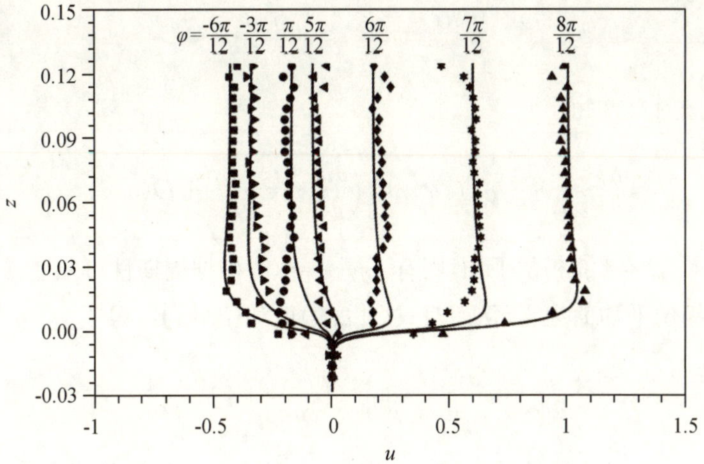

(c) 剖面 4

——：计算结果；▲、★、◆、◀、●、▶、■：测量结果。

图 3.9　边界层内水平流速计算结果与试验测量结果之间的比较

3.3.3　边界层内欧拉漂移速度

根据式(3.2.45)可知，势流速度水平分量可以表示为

$$\frac{\partial \phi}{\partial x} = u_b - \frac{\mu^2}{2}(z+1)^2\frac{\partial^2 u_b}{\partial x^2} + \frac{\mu^4}{24}(z+1)^4\frac{\partial^4 u_b}{\partial x^4} + (z+1)\frac{\partial \phi_1}{\partial x} + O(\mu^6) \tag{3.3.6}$$

同时，边界层内水平速度分量可以展开为

$$u = u^{(0)} + \varepsilon u^{(1)} + O(\varepsilon^2), \qquad u_s = u_s^{(0)} + \varepsilon u_s^{(1)} + O(\varepsilon^2) \tag{3.3.7}$$

高阶谐波是对零阶和一阶谐波的修正小量，该部分对质量输移的影响较小，因此边界层内水平速度分量可以表示为

$$u^{(0)} = \frac{\partial \phi}{\partial \varphi} + \varepsilon\frac{\partial \phi}{\partial X} + u_0^{\mathrm{r}} + O(\varepsilon, \mu^2),\ u_s^{(0)} = u_0^{\mathrm{r}} + O(\varepsilon, \mu^2) \tag{3.3.8}$$

将式(3.3.7)代入式(3.1.3)和式(3.1.13)，在垂向拉伸坐标系 $\mathscr{U}$、$\mathscr{V}$ 和水平移动坐标系下，可得 $u^{(1)}$ 和 $u_s^{(1)}$ 的控制方程：

$$\frac{\partial}{\partial \mathscr{U}}\left(\mathscr{U}\frac{\partial u^{(1)}}{\partial \mathscr{U}}\right) + \frac{\partial u^{(1)}}{\partial \varphi} = u^{(0)}\frac{\partial u^{(0)}}{\partial \varphi} + \frac{1}{\alpha\mu}\left(\frac{\partial \phi}{\partial z} + \alpha\mu w_1^r\right)\frac{\partial u^{(0)}}{\partial \mathscr{U}} + \frac{\partial \eta^{(1)}}{\partial \varphi} + \frac{\partial \eta^{(0)}}{\partial X} \tag{3.3.9}$$

$$\frac{\partial^2 u_s^{(1)}}{\partial \mathscr{V}^2} - u_s^{(1)} = O\left(\frac{\beta}{\varepsilon}\right) \tag{3.3.10}$$

根据式(3.2.45)可知

$$\frac{\partial \phi}{\partial z} = \phi_1 + \alpha\mu(\mathscr{U} - \hbar)\left(\frac{\partial u_b}{\partial \varphi} + \varepsilon \frac{\partial u_b}{\partial X}\right) + O(\alpha^2 \mu) \tag{3.3.11}$$

记 $\langle \cdot \rangle$ 为“·”的相位平均，则有 $\langle \eta^{(0)} \rangle = 0$，根据周期性可知变量关于 φ 的偏导项的相位平均值为零，从而对式(3.2.9)取相位平均可得

$$\frac{\partial}{\partial \mathscr{U}}\left(\mathscr{U}\frac{\partial \langle u^{(1)} \rangle}{\partial \mathscr{U}}\right) = \left\langle \left(\frac{\phi_1}{\alpha\mu} + w_1^r\right)\frac{\partial u_0^r}{\partial \mathscr{U}} \right\rangle \tag{3.3.12}$$

将 ϕ_1、w_1^r 和 u_0^r 的表达式代入式(3.3.12)，并结合三角函数的正交性，可以化为

$$\frac{\partial}{\partial \mathscr{U}}\left(\mathscr{U}\frac{\partial \langle u^{(1)} \rangle}{\partial \mathscr{U}}\right) = I_1(\mathscr{U}) + I_2(\mathscr{U}) \tag{3.3.13}$$

其中，

$$I_1(\mathscr{U}) = \frac{1}{2}\sum_{m=1}^{\infty} |b_m|^2 \mathrm{Re}\left[2im\psi_m^* M_m \frac{H_1^{(1)}(\mathscr{W}_m)}{\mathscr{W}_m}\right] \tag{3.3.14}$$

$$I_2(\mathscr{U}) = \frac{1}{2}\sum_{m=1}^{\infty} m\,|M_m|^2\,|b_m|^2\,|H_1^{(1)}(\mathscr{W}_m)|^2 \tag{3.3.15}$$

式(3.3.14)中，ψ_m^* 表示 ψ_m 的共轭复数。同时，对式(3.3.10)取相位平均可得

$$\frac{\partial^2 \langle u_s^{(1)} \rangle}{\partial \mathscr{V}^2} - \langle u_s^{(1)} \rangle = 0 \tag{3.3.16}$$

式(3.3.13)和式(3.3.16)需要满足的边界条件为

$$\langle u^{(1)} \rangle = \langle u_s^{(1)} \rangle, \qquad \text{当 } \mathscr{U} = \hbar(\mathscr{V} = 0) \tag{3.3.17}$$

$$\frac{d\langle u^{(1)} \rangle}{d\mathscr{U}} = -\frac{1}{\theta}\frac{d\langle u_s^{(1)} \rangle}{d\mathscr{V}}, \qquad \text{当 } \mathscr{U} = \hbar(\mathscr{V} = 0) \tag{3.3.18}$$

$$\frac{d\langle u^{(1)} \rangle}{d\mathscr{U}} \to 0, \qquad \text{当 } \mathscr{U} \to \infty \tag{3.3.19}$$

$$\frac{d\langle u_s^{(1)} \rangle}{d\mathscr{V}} \to 0, \qquad \text{当 } \mathscr{V} \to \infty \tag{3.3.20}$$

对式(3.3.13)两边进行积分可得

$$\frac{\partial\langle u^{(1)}\rangle}{\partial\mathscr{U}}=I_3(\mathscr{U})+I_4(\mathscr{U}) \tag{3.3.21}$$

其中，

$$I_3(\mathscr{U})=-\frac{1}{2}\sum_{m=1}^{\infty}|b_m|^2\mathrm{Re}\left[\psi_m^* M_m\frac{H_0^{(1)}(\mathscr{W}_m)}{\mathscr{U}}\right] \tag{3.3.22}$$

$$I_4(\mathscr{U})=-\frac{1}{2}\sum_{m=1}^{\infty}m|M_m|^2|b_m|^2\frac{1}{\mathscr{U}}\int_{\mathscr{U}}^{\infty}\left|H_1^{(1)}(2\sqrt{im\vartheta})\right|^2\mathrm{d}\vartheta \tag{3.3.23}$$

对式(3.3.21)积分可得

$$\langle u^{(1)}\rangle=\frac{1}{2}\sum_{m=1}^{\infty}|b_m|^2\mathrm{Re}[\psi_m^* M_m I_5(\mathscr{U})]+\frac{1}{2}\sum_{m=1}^{\infty}m|M_m|^2|b_m|^2 I_6(m,\mathscr{U})+C_w \tag{3.3.24}$$

其中，

$$I_5(m,\mathscr{U})=\int_{\mathscr{U}}^{\infty}\frac{1}{\vartheta}H_0^{(1)}(2\sqrt{im\vartheta})\mathrm{d}\vartheta \tag{3.3.25}$$

$$I_6(m,\mathscr{U})=\int_{\mathscr{U}}^{\infty}\int_{\exp(\upsilon)}^{\infty}\left|H_1^{(1)}(2\sqrt{im\vartheta})\right|^2\mathrm{d}\vartheta\mathrm{d}\upsilon \tag{3.3.26}$$

式(3.3.16)的解为

$$\langle u_s^{(1)}\rangle=C_s\exp(-\mathscr{V}) \tag{3.3.27}$$

结合边界条件(3.3.17)和(3.3.18)，系数可以确定为

$$C_s=\theta I_3(\hbar)+\theta I_4(\hbar) \tag{3.3.28}$$

$$C_w=C_s-\frac{1}{2}\sum_{m=1}^{\infty}|b_m|^2\mathrm{Re}[\psi_m^* M_m I_5(\hbar)]-\frac{1}{2}\sum_{m=1}^{\infty}m|M_m|^2|b_m|^2 I_6(m,\hbar) \tag{3.3.29}$$

通过模态分析方法确定 b_m 的值，再代入式(3.3.28)和式(3.3.29)可以确定系数 C_w 和 C_s 。最后，根据解(3.3.24)和解(3.3.27)可以计算出边界层内质量输移流速。

图 3.10 中展示了试验组次 C2 中沿程四个流速剖面上欧拉漂移速度的计算结果和试验测量结果。通过比较可知，剖面 A、B 和 C 上计算结果和测量结果较为吻合，二者之间的差异可能是由渗流流速或高阶解所引起；在剖面 D 上，试验

测量结果在边界层以外大于测量结果，这是因为试验组次 C2 中波浪非线性较强，波浪在砂床和混凝土床面上传播，速度之间存在一定的相位差，在砂槽尾部区域内存在绕射现象，受波浪绕射影响，欧拉漂移速度发生了一定的偏移。

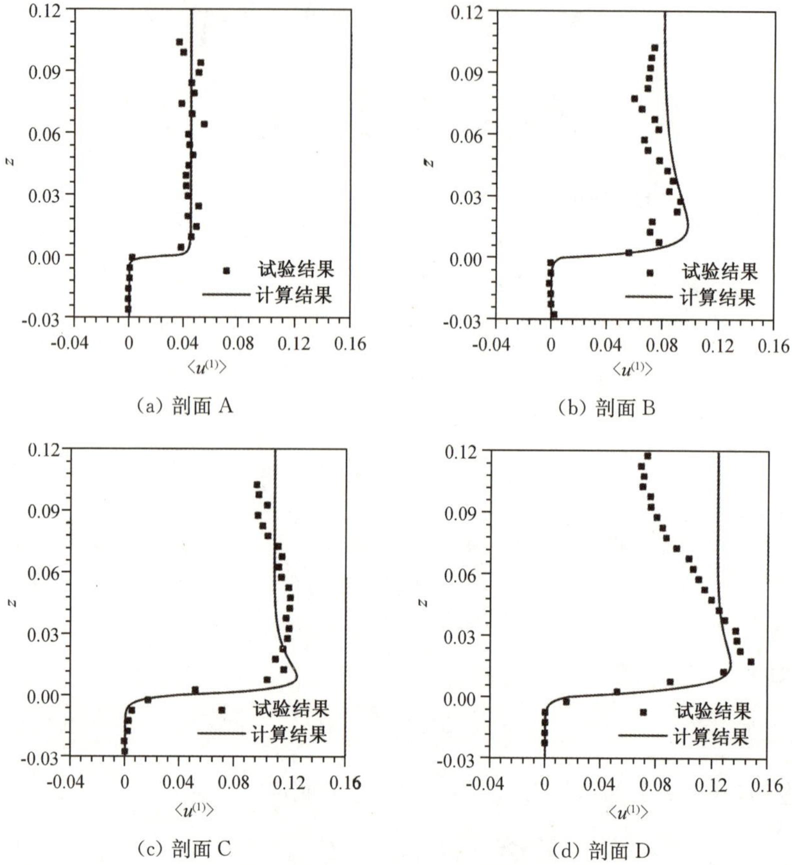

(a) 剖面 A　(b) 剖面 B

(c) 剖面 C　(d) 剖面 D

图 3.10　边界层内欧拉漂移速度

3.3.4　水面过程验证

在水面过程验证中，首先对试验中入射波浪的波形进行模态分析，得到入射波浪的各阶谐波的振幅 $A_m(0)(m=1,2,3,\cdots,10)$。通过有限差分方法对式(3.2.65)进行数值离散，结合入射波浪条件可以计算出各阶谐波振幅沿波浪传播方向的分布。同时对沿程的各个浪高仪所测相同相位的波形进行模态分析，得到各个浪高仪所在位置处谐波的振幅。粗砂试验中，试验组次 C1、C2、C3 和 C5 具有较强的非线性特征，这里选择这四组试验结果作为验证资料，根据试验条件，相关的无量纲参数计算结果见表 3.1。图 3.11 中分别展示了四个试验组次中前四阶谐波振幅在砂槽上方的分布，图中理论计算结果和试验测量结果趋势一致，理论计算结果与试验结果之间的相对误差较小，表明半解析理论可以合理地描述谐波之间的波-波相互作用，可以用于非线性长波在细砾质海床上的传播特性研究。

表 3.1　验证中各试验参数的值

试验组次	ε	μ^2	α	β
C1	0.088	0.151	0.005 7	0.003 8
C2	0.128	0.150	0.002 9	0.003 8
C3	0.165	0.151	0.002 9	0.003 8
C5	0.165	0.053	0.003 1	0.002 3

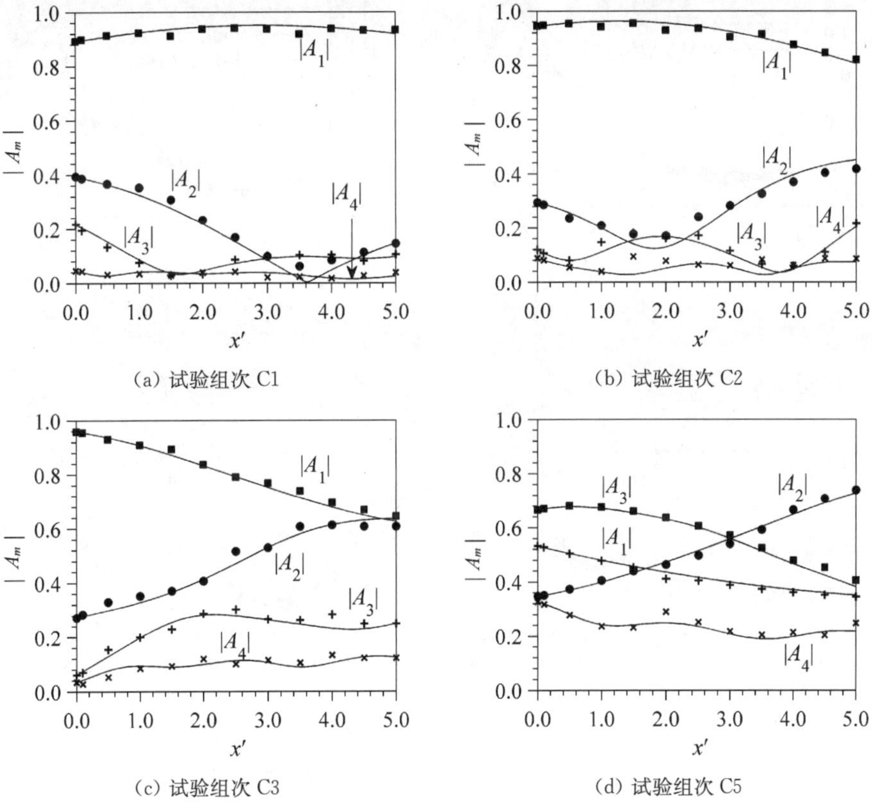

(a) 试验组次 C1　(b) 试验组次 C2

(c) 试验组次 C3　(d) 试验组次 C5

——：理论计算结果；■、●、＋、×：试验测量结果。

图 3.11　浅水波前四阶谐波振幅在砂槽上方的分布

为了说明谐波之间的波-波相互作用对波浪传播特性的影响，这里进一步对沿程的波形进行验证。这里选择试验组次 C2 中 $x'=1$ m，$x'=2$ m，$x'=3$ m 和 $x'=4$ m 处的波形进行验证。图 3.12 中分别展示了四个位置处波形的验证结果，图中同时展示了 Liu 等[85]推导的线性解及传统 KdV 方程的计算结果。通过比较可以发现线性解的计算结果与试验结果及非线性解之间存在较大差异，特别是在波峰位置处，线性解的计算结果与试验结果之间相差超过 45%。相比于线性解，本书半解析解和 KdV 方程解的计算结果与试验结果变化趋势较为一致，但随着波浪向前传播，KdV 方程计算结果会逐渐地超过试验结果；而半解析理论计算结果与试验结果在沿程各处都较为吻合。上述结果表明，本书推导的半解析理论可以较好地描述浅水波在粗砂海床上的传播特性。

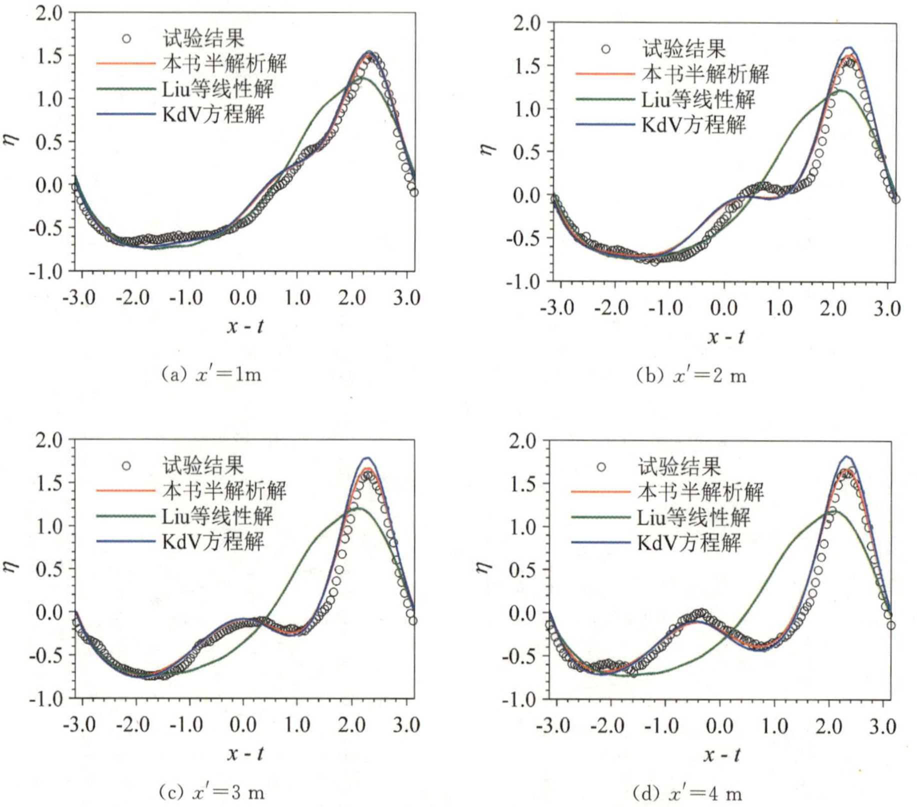

(a) $x'=1$m　(b) $x'=2$ m

(c) $x'=3$ m　(d) $x'=4$ m

图 3.12　沿波浪传播方向不同位置处的波形

3.4 波浪与海床参数影响分析

基于半解析理论，本节中将讨论浅水波在渗透性良好海床上的传播规律。计算中假定水深 $h' = 10$ m，波长与水深满足 $\mu^2 = 0.1$，海床厚度为 30 m，海床组成颗粒的中值粒径为 5mm，渗透系数 $k_s = (5\times10^{-9})$ m²，饱和度 $S_r = 0.998$，孔隙度n_s=0.4。为了表征紊流边界层内紊动特征，通过式(3.4.1)给定边界层内的摩阻流速：

$$u'_* = c\varepsilon\sqrt{gh'} \tag{3.4.1}$$

式中，c 为常数。与 Liu 等[175]以及 Lin 等[176]的研究一致，计算过程中 c 取值为 0.1。上述参数的取值满足 $O(\beta) = O(\varepsilon^2) = O(\mu^4)$ 的理论假定。通过比较可知，10 阶以上的级数项对解的影响小于 10^{-2}。因此，计算中同样在 m=10 处进行截断。

3.4.1 入射波浪条件的影响

根据改进的 KdV 方程可知，浅水波的非线性特征对波浪的传播特性有重要影响。因此，这里首先计算不同非线性条件下，浅水波的传播演变规律。图 3.13中(a)、(c)和(e)分别展示了入射波浪为线性长波且非线性参数 ε 分别为 0.05、0.1 和 0.15 时，浅水波的前四阶谐波波幅的空间分布规律。由图可知，通过吸收 1 阶谐波能量，2 阶及 2 阶以上谐波的波幅初始阶段快速增长。波浪继续向前传播时，高阶谐波逐渐消失，随着高阶谐波的消失，谐波之间的能量交换越来越不明显。另一方面，由图 3.13(a)可知，在 $\varepsilon = 0.05$ 的条件下，当 $X > 10$ 时，波-波相互作用对 1 阶谐波能量减小趋势的影响很小，但是在 $\varepsilon = 0.1$ 和 $\varepsilon = 0.15$的条件下，浅水波的传播距离 X 分别需要超过 30 和 50 时才会出现上述特征。ε 从 0.05 增大到 0.15 时，2 阶谐波波幅所能达到的最大值也由 0.5 增大到 0.78。上述均表明随着浅水波非线性的增强，谐波之间的波-波相互作用越来越剧烈。

波-波之间的相互作用本质上是不同模态谐波之间的能量交换，上述结果表明谐波的能量变化初始阶段受到波-波相互作用、渗流与黏性耗散共同作用，随着波-波相互作用的减弱，渗流与黏性耗散对谐波能量变化起主导作用。为了分析浅水波总能量沿传播方向的变化规律，这里对前十阶谐波的总能量 E_w进行分

析，按照定义，E_w可以表示为

$$E_w=\sum_{m=1}^{\infty}|A_m|^2\approx\sum_{m=1}^{10}|A_m|^2 \tag{3.4.2}$$

图 3.13(b)、(d)和(f)分别给出了 0.05、0.1 和 0.15 时，浅水波总能量沿波浪传播方向的变化。计算结果显示浅水波总能量变化主要受渗流和黏性耗散作

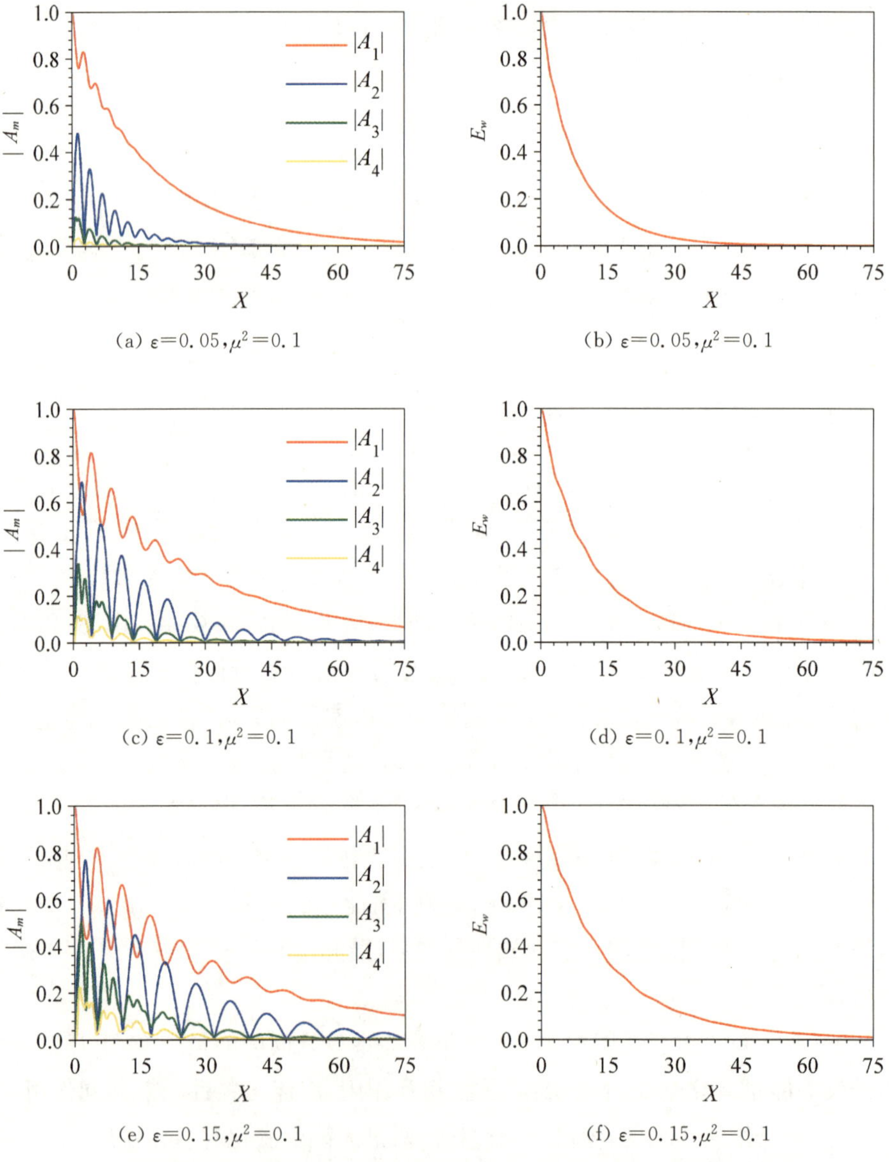

(a) ε=0.05，μ^2=0.1　　(b) ε=0.05，μ^2=0.1

(c) ε=0.1，μ^2=0.1　　(d) ε=0.1，μ^2=0.1

(e) ε=0.15，μ^2=0.1　　(f) ε=0.15，μ^2=0.1

图 3.13　浅水波前四阶谐波振幅及波浪能量的空间分布

用的影响，并不会受到波-波相互作用的影响。为了解释上述现象，将式(3.2.65)左右两侧同时乘以 A_m^* ，再对 m 进行求和，可得

$$\frac{\mathrm{d}}{\mathrm{d}X}\sum_{m=1}^{\infty}|A_m|^2=2\mathrm{Re}\left(\frac{im^3}{6}\frac{\mu^2}{\varepsilon}\sum_{m=1}^{\infty}|A_m|^2-\frac{3im}{8}G_mA_m^*+\frac{\alpha}{2\varepsilon\mu}\sum_{m=1}^{\infty}\psi_m|A_m|^2\right) \tag{3.4.3}$$

式(3.4.3)中等号右侧第一项的实部为零，通过 Grataloup 和 Mei[177] 的研究结果可知，第二项的实部同样为零，这样上式可以简化为

$$\frac{\mathrm{d}E_w}{\mathrm{d}X}=\frac{\mathrm{d}}{\mathrm{d}X}\sum_{m=1}^{\infty}|A_m|^2=\frac{\alpha}{\varepsilon\mu}\mathrm{Re}\left(\sum_{m=1}^{\infty}\psi_m|A_m|^2\right) \tag{3.4.4}$$

式(3.4.4)表明波浪总能量的变化只与耗散项有关。需要指出的是，图中 E_w 在初始阶段伴随着微小波动，这主要是由截断误差产生的。

3.4.2　海床厚度的影响

海床动力分析结果表明海床的厚度对渗流流速的垂向分布有重要影响，这里进一步研究了海床厚度为 10 m、20 m 和 40 m 时，浅水波的传播演变规律。与 3.4.1 小节一样，计算中假定入射波为线性长波。图 3.14 中分别展示了四种海床厚度条件下，浅水波前四阶谐波波幅的空间分布规律。由图可知，当海床厚度从 10 m 增大到 30 m 时，波浪的能量衰减速率有一定程度的增大，但是海床厚度由 30 m 增大到 40 m 时，波能耗散速率增大并不明显。例如当海床厚度由 10 m增大到 30 m 时，在 $X=20$ 处波浪总能量分别为 28.3%和 17.6%，波浪能量耗散增大 10.7%；然而当海床厚度由 30 m 增大到 40 m 时，波浪总能量仅从 17.6%减小到 15.9%。这主要是由于渗流速度在海床表层较大，而在海床底部较小，即渗流引起的能量耗散主要发生在海床表层；当海床厚度达到一定程度后，增大海床厚度对浅水波能量耗散的影响很小。

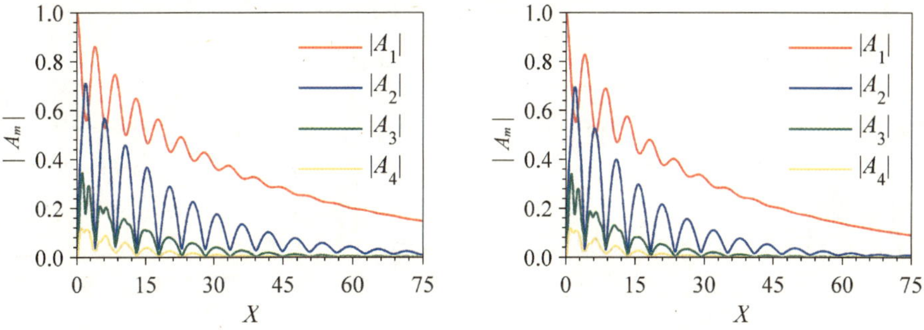

(a) 海床厚度 $d'=10$ m　　(b) 海床厚度 $d'=20$ m

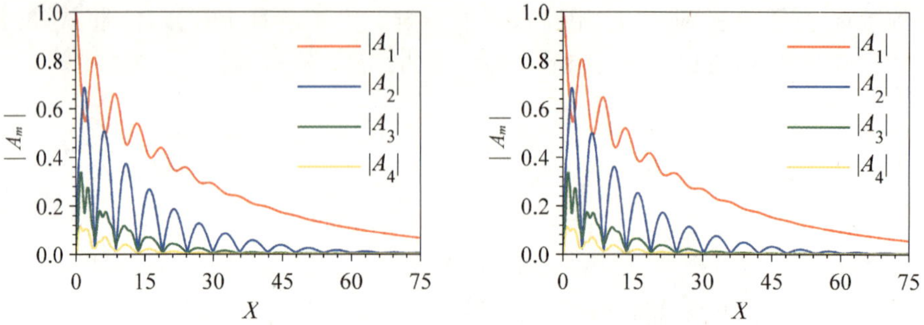

(c) 海床厚度 $d'=30$ m　　(d) 海床厚度 $d'=40$ m

图 3.14　浅水波前四阶谐波波幅的空间分布

3.4.3　海床渗透性的影响

海床土体的渗透性对渗流耗散具有重要影响，渗透系数是表征海床渗透性的主要参数。为了分析渗透系数对浅水波传播特性的影响，本书中分别研究了 k_s 为 1×10^{-9} m²、3×10^{-9} m²、5×10^{-9} m² 和 7×10^{-9} m² 时，各阶谐波的波幅及波浪能量的沿程变化。上述条件下，无量纲参数 β 分别为 0.31×10^{-3}、0.94×10^{-3}、1.6×10^{-3} 和 2.2×10^{-3}。研究中同样假定入射波浪为线性长波。图3.15中分别展示了上述四种渗透性条件下，浅水波前四阶谐波波幅的空间分布。由图可知，随着海床渗透系数的增大，谐波波幅的衰减速率也逐渐增大，2 阶及 2 阶以上谐波的消失时间越来越早，波-波相互作用区间明显变窄。以 $\beta=0.31\times10^{-3}$ 为例，当 $X=75$ 时，2 阶谐波仍然未消失，还会与 1 阶谐波相互作用，但是若 β 增大到 2.2×10^{-3}，当 $X=60$ 时，2 阶及 2 阶以上的谐波均消失。

为了分析渗透系数对能量耗散的影响，图 3.16 中进一步展示了四种渗透性条件下，浅水波波能的空间变化规律，图中同时给出了波浪能量衰减曲线的渐近线。由图可知，四种渗透性条件下，浅水波的能量耗散率分别为 0.037、0.051、

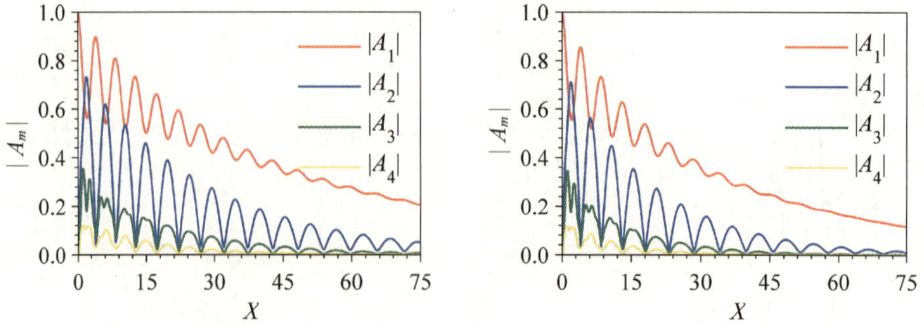

(a) $\beta=0.31\times10^{-3}$　　(b) $\beta=0.94\times10^{-3}$

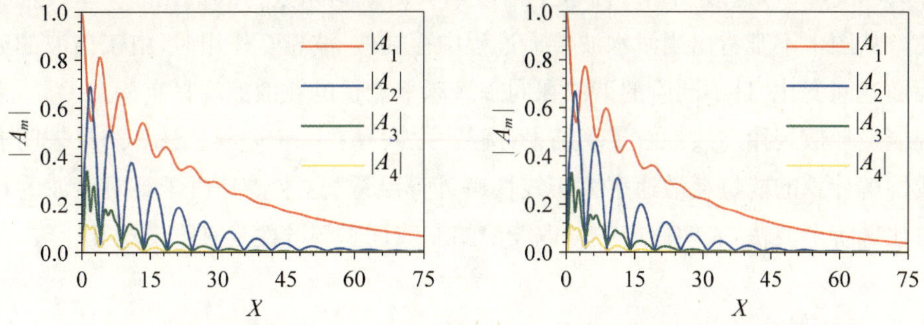

(c) β=1.6×10^{-3}　　(d) β=2.2×10^{-3}

图 3.15　浅水波前四阶谐波振幅的空间分布

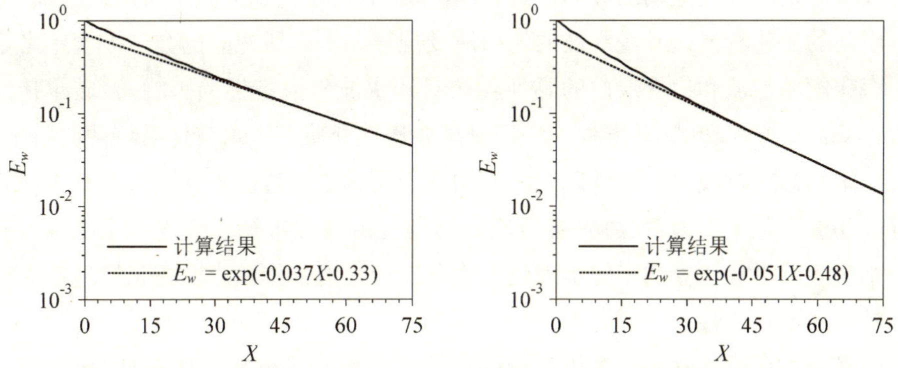

(a) β=0.31×10^{-3}　　(b) β=0.94×10^{-3}

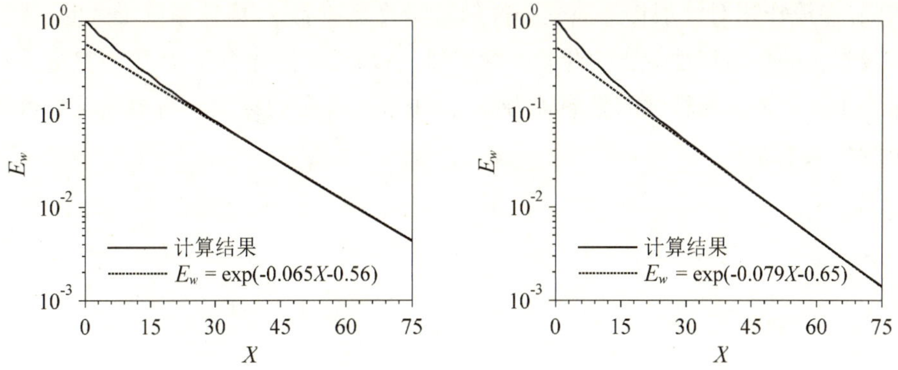

(c) β=1.6×10^{-3}　　(d) β=2.2×10^{-3}

图 3.16　浅水波波能量的空间分布

0.065 和 0.07，这表明当 2 阶以上谐波消失后渗透系数与能量耗散率呈线性相关。从图中不难看出当浅水波传播过程中存在波-波相互作用时，由于谐波的波幅随空间变化，且不同阶的谐波在同一海床上能量的耗散速率具有一定差异，系统能量耗散规律与线性解计算结果（虚线）之间存在一定差异。计算结果表明非线性解计算的能量耗散速率大于线性解计算结果，这主要是由于高阶谐波的耗散比低阶谐波快，表明研究中考虑波浪的非线性和频散性具有重要意义。

3.5 本章小结

本章基于势流理论、边界层理论、紊流半经验理论和渗流理论，建立了高渗透性海床上浅水波运动的数学模型。结合摄动分析方法，研究了海床内渗流、边界层内的流速特征以及浅水波的传播演变规律。本书所建立的数学模型中考虑了海床内的渗流和边界层内的黏性耗散对浅水波传播特性的影响，突破了传统 Boussinesq 方程和 KdV 方程无法研究高渗透性介质上浅水波传播特性的瓶颈。

采用第二章浅水波与细砾质海床相互作用试验测量结果分别对本章中所推导的超静孔隙水压力解、边界层内流速解和自由液面半解析解进行了验证。验证结果表明本章建立的半解析理论方法可以较好地描述浅水波在高渗透性介质上的传播演变特性。

基于本章所建立的半解析理论探讨了入射波浪条件和海床条件（包括海床厚度和渗透系数）对浅水波传播特性的影响。计算结果表明随着波浪非线性的增强，渗流作用对波浪传播演变特性的影响逐渐减弱；当海床厚度增大时，渗流对浅水波的传播特性的影响开始逐渐增强，后来逐渐保持稳定；海床的渗透系数对浅水波传播演变特性的影响较为显著，浅水波能量的耗散率与渗透系数近似呈线性关系。

第四章

床面沙纹对浅水波传播特性的影响理论研究

第二章的试验结果表明床面沙纹会显著增强底部边界层内的紊动强度，增大边界层内的剪切应力和黏性耗散。针对上述现象，本章将采用半解析方法研究沙纹地形对浅水波传播特性影响。理论和试验结果均表明砂质海床的组成颗粒越细，床面泥沙越容易起动，且在相同密实状态下细砂质海床的强度通常比细砾质海床小，土骨架的压缩变形更大，土骨架的压缩变形相比于排水体积和孔隙流体的压缩体积不可忽略。另一方面，细砂质海床的饱和度一般比细砾质海床小，孔隙流体与土骨架的压缩系数有时较为接近。因此，为了充分考虑孔隙流体和土骨架的影响，本章将在 Biot 固结模型框架下，对上述物理问题进行研究。

4.1 物理问题及其控制方程

4.1.1 控制方程

如图 4.1 所示，假定浅水波 η' 在沙纹地形 η_r' 上传播，研究区域的平均水深为 h'，砂质海床的平均厚度为 d'。波浪的特征波数为 k'，特征波幅为 a_0'，特征频率 ω 为 $k'\sqrt{gh'}$。波浪运动的控制变量通过如下方式进行无量纲化：

$$x = k'x',\ z = z'/h',\ t = \omega t',\ \eta = \eta'/a_0' \tag{4.1.1}$$

$$u = u'/\varepsilon\sqrt{gh'},\ w = \mu w'/\varepsilon\sqrt{gh'},\ p = p'/\rho_w g a_0' \tag{4.1.2}$$

式(4.1.1)中，(x,z) 为笛卡尔坐标，坐标系的坐标横轴位于静水面，向右为正，坐标纵轴垂直静水面，向上为正；式(4.1.2)中，(u,w) 为水质点速度矢量，p 为动水压强。对于浅水波，假定非线性参数和相对水深满足 Boussinesq 近似：

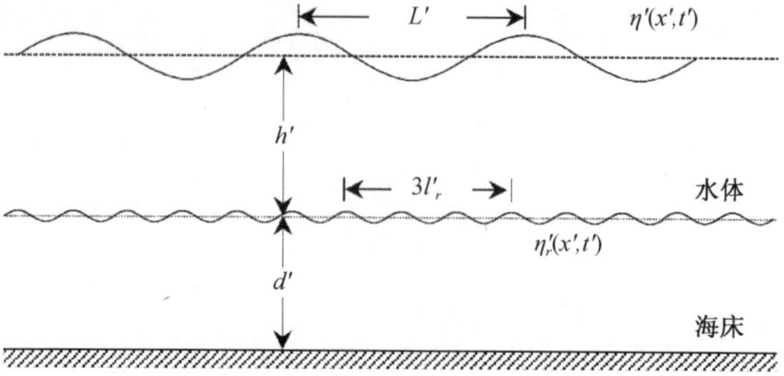

图 4.1　浅水波在带沙纹的海床上传播示意图

$$\varepsilon = \frac{a_0'}{h'},\ \mu = k'h',\ O(\varepsilon) = O(\mu^2) \tag{4.1.3}$$

波浪运动的控制方程可以通过无量纲变量表示为

$$\frac{\partial u}{\partial x} + \frac{1}{\mu^2}\frac{\partial w}{\partial z} = 0 \tag{4.1.4}$$

$$\frac{\partial u}{\partial t} + \varepsilon u\frac{\partial u}{\partial x} + \frac{\varepsilon}{\mu^2}w\frac{\partial u}{\partial z} = -\frac{\partial p}{\partial x} + \alpha^2\frac{\partial}{\partial x}\left(v_e\frac{\partial u}{\partial x}\right) + \frac{\alpha^2}{\mu^2}\frac{\partial}{\partial z}\left(v_e\frac{\partial u}{\partial z}\right) \tag{4.1.5}$$

$$\frac{\partial w}{\partial t} + \varepsilon u\frac{\partial w}{\partial x} + \frac{\varepsilon}{\mu^2}w\frac{\partial w}{\partial z} = -\frac{\partial p}{\partial z} + \alpha^2\frac{\partial}{\partial x}\left(v_e\frac{\partial w}{\partial x}\right) + \frac{\alpha^2}{\mu^2}\frac{\partial}{\partial z}\left(v_e\frac{\partial w}{\partial z}\right) \tag{4.1.6}$$

其中，

$$\alpha^2 = k'v_0'/\sqrt{gh'},\ v_e = \kappa_m u'_*(z' + h' + a_\delta\delta_r')/v'_0,\ v'_0 = (\kappa_m u'_*)^2/k'\sqrt{gh'} \tag{4.1.7}$$

式中，v'_0 为流体的特征黏滞系数，α^2 为非线性长波波浪雷诺数的倒数。边界层的厚度为 $O(\alpha/k')$，边界层内流速梯度变化很快，黏性剪切应力很大，且边界层内垂向速度相比于水平流速是高阶小量。由式(4.1.6)的一阶近似结果可知，动水压强在边界层内的垂向梯度趋近于零，而在边界层以外流速的梯度较小，黏性剪切应力对波浪运动的影响可以忽略[171]。因此，在边界层以外区域流体运动属于势流，其控制方程式(4.1.4)—式(4.1.6)可以简化为拉普拉斯方程和伯努利方程：

$$\frac{\partial^2\phi}{\partial x^2} + \frac{1}{\mu^2}\frac{\partial^2\phi}{\partial z^2} = 0 \tag{4.1.8}$$

$$-p=\frac{\partial \phi}{\partial t}+\frac{\varepsilon}{2}\left[\left(\frac{\partial \phi}{\partial x}\right)^{2}+\frac{1}{\mu^{2}}\left(\frac{\partial \phi}{\partial z}\right)^{2}\right] \tag{4.1.9}$$

对于砂质海床土体，若孔隙流体和土骨架的体积模量相差不大，则波浪荷载作用下海床土体的压缩体积不可忽略。此时，土骨架的蓄水方程可以表达为

$$n_{s}\left(\frac{\partial u_{w}'}{\partial x'}+\frac{\partial w_{s}'}{\partial z'}\right)+(1-n_{s})\left(\frac{\partial u_{s}'}{\partial x'}+\frac{\partial w_{s}'}{\partial z'}\right)=-\frac{n_{s}}{K}\frac{\partial p_{s}'}{\partial t'} \tag{4.1.10}$$

式中，(u_{w}',w_{w}') 为孔隙流体的速度矢量，(u_{s}',w_{s}') 为土骨架的速度矢量。土骨架和孔隙流体动量方程的线性形式分别如下。

土骨架：

$$(1-n_{s})\rho_{s}\frac{\partial u_{s}'}{\partial t'}=\frac{\partial \tau_{xx}'}{\partial x'}+\frac{\partial \tau_{zx}'}{\partial z'}-(1-n_{s})\frac{\partial p_{s}'}{\partial x'}+\frac{\rho_{w}v_{w}'n_{s}^{2}}{k_{s}}(u_{w}'-u_{s}') \tag{4.1.11}$$

$$(1-n_{s})\rho_{s}\frac{\partial w_{s}'}{\partial t'}=\frac{\partial \tau_{xz}'}{\partial x'}+\frac{\partial \tau_{zz}'}{\partial z'}-(1-n_{s})\frac{\partial p_{s}'}{\partial z'}+\frac{\rho_{w}v_{w}'n_{s}^{2}}{k_{s}}(w_{w}'-w_{s}') \tag{4.1.12}$$

孔隙流体：

$$n_{s}\rho_{w}\frac{\partial u_{w}'}{\partial t'}=-n_{s}\frac{\partial p_{s}'}{\partial x'}-\frac{\rho_{w}v_{w}'n_{s}^{2}}{k_{s}}(u_{w}'-u_{s}') \tag{4.1.13}$$

$$n_{s}\rho_{w}\frac{\partial w_{w}'}{\partial t'}=-n_{s}\frac{\partial p_{s}'}{\partial z'}-\frac{\rho_{w}v_{w}'n_{s}^{2}}{k_{s}}(w_{w}'-w_{s}') \tag{4.1.14}$$

将土骨架和孔隙流体运动的动量方程相加，可得

$$n_{s}\rho_{w}\frac{\partial u_{w}'}{\partial t'}+(1-n_{s})\rho_{s}\frac{\partial u_{s}'}{\partial t'}=\frac{\partial \tau_{xx}'}{\partial x'}+\frac{\partial \tau_{zx}'}{\partial z'}-\frac{\partial p_{s}'}{\partial x'} \tag{4.1.15}$$

$$n_{s}\rho_{w}\frac{\partial w_{w}'}{\partial t'}+(1-n_{s})\rho_{s}\frac{\partial w_{s}'}{\partial t'}=\frac{\partial \tau_{xz}'}{\partial x'}+\frac{\partial \tau_{zz}'}{\partial z'}-\frac{\partial p_{s}'}{\partial z'} \tag{4.1.16}$$

式中，τ_{xx}'、τ_{zx}'、τ_{xz}' 和 τ_{zz}' 表示作用于土骨架上的有效应力。波浪荷载作用下砂质海床内土体应变较小，大多处于线弹性区间内[48]，通过胡克定律可以合理描述应力与应变之间的关系：

$$\frac{\partial \tau_{xx}'}{\partial t'}=2G\left[\frac{\partial u_{s}'}{\partial x'}+\frac{v}{1-2v}\left(\frac{\partial u_{s}'}{\partial x'}+\frac{\partial w_{s}'}{\partial z'}\right)\right] \tag{4.1.17}$$

$$\frac{\partial \tau'_{zx}}{\partial t'} = \frac{\partial \tau'_{xz}}{\partial t'} = G\left(\frac{\partial u'_s}{\partial z'} + \frac{\partial w'_s}{\partial x'}\right) \tag{4.1.18}$$

$$\frac{\partial \tau'_{zz}}{\partial t'} = 2G\left[\frac{\partial w'_s}{\partial z'} + \frac{v}{1-2v}\left(\frac{\partial u'_s}{\partial x'} + \frac{\partial w'_s}{\partial z'}\right)\right] \tag{4.1.19}$$

根据浅水波特征，可以将土骨架和孔隙流体运动控制变量无量纲化为

$$x' = x/k',\ Z' = z' + h' = d'Z,\ t' = t/\omega,\ \omega = k'\sqrt{gh'} \tag{4.1.20}$$

$$(u'_w, w'_w) = \kappa^2 \gamma_{zx} C\left(u_w, \frac{1}{\kappa} w_w\right),\ (u'_s, w'_s) = \kappa^2 \gamma_{zx} C\left(u_s, \frac{1}{\kappa} w_s\right),\ C = \frac{\omega}{\kappa'} \tag{4.1.21}$$

$$p'_s = \rho_w g a'_0 p_s = p_0 p_s,\ \tau'_{ij} = \rho_w g a'_0 \tau_{ij} = p_0 \tau_{ij},\ \gamma_{zx} = G/p_0 \tag{4.1.22}$$

将式(4.1.20)一式(4.1.22)代入式(4.1.15)和式(4.1.16)，可得

$$\frac{\omega^2 d'^2}{G}\left[n_s \rho_w \frac{\partial u_w}{\partial t} + (1-n_s)\rho_s \frac{\partial u_s}{\partial t}\right] = \kappa \frac{\partial \tau_{xx}}{\partial x} + \frac{\partial \tau_{zx}}{\partial Z} - \kappa \frac{\partial p_s}{\partial x} \tag{4.1.23}$$

$$\frac{\omega^2 d'^2}{\kappa G}\left[n_s \rho_w \frac{\partial w_w}{\partial t} + (1-n_s)\rho_s \frac{\partial w_s}{\partial t}\right] = \kappa \frac{\partial \tau_{xz}}{\partial x} + \frac{\partial \tau_{zz}}{\partial Z} - \frac{\partial p_s}{\partial Z} \tag{4.1.24}$$

其中，κ 为无量纲参数，定义为

$$\kappa = k'd' \tag{4.1.25}$$

且对于浅水波，可以认为海床厚度远小于波长，可以进一步假设：

$$O(\varepsilon) = O(\mu^2) = O(\kappa^2) \ll 1 \tag{4.1.26}$$

对于近岸海域的非线性长波 $\rho_w \omega^2 d'^2/G \ll 1$，比如当 $d' = 10\ \mathrm{m}$，$\omega = 1\ \mathrm{Hz}$ 且 $G = 10^7\ \mathrm{Pa}$ 时，$\rho_w \omega^2 d'^2/G = 0.01$。因此，式(4.1.23)和式(4.1.24)可以简化为

$$\frac{\partial \tau_{xx}}{\partial x} + \frac{1}{\kappa}\frac{\partial \tau_{zx}}{\partial Z} - \frac{\partial p_0}{\partial x} = O(\kappa^2) \tag{4.1.27}$$

$$\frac{\kappa \omega^2}{k'^2 G}\left[n_s \rho_w \frac{\partial w_w}{\partial t} + (1-n_s)\rho_s \frac{\partial w_s}{\partial t}\right] = \frac{\partial \tau_{zz}}{\partial Z} - \frac{\partial p_s}{\partial Z} + O(\kappa^2) \tag{4.1.28}$$

式(4.1.27)和式(4.1.28)表明浅水波引起有限厚度海床的动力响应问题可以简化为一维问题。类似地，将无量纲形式代入式(4.1.10)和式(4.1.14)可得

$$n_s \frac{\partial}{\partial Z}(w_w - w_s) + \frac{\partial w_s}{\partial Z} = -n_s \frac{G}{K} \frac{\partial p_s}{\partial t} \tag{4.1.29}$$

$$\frac{\kappa \rho_w \omega^2}{k'^2 G} \frac{\partial w_w}{\partial t} = -\frac{\partial p_s}{\partial Z} - \frac{\kappa \rho_w v'_w n_s \omega}{k'^2 G k_s}(w_w - w_s) \tag{4.1.30}$$

同时根据本构方程有

$$\frac{\partial \tau_{zz}}{\partial t} = \frac{1}{\kappa} \frac{2-2v}{1-2v} \frac{\partial w_s}{\partial Z} + O(\kappa^2) \tag{4.1.31}$$

式(4.1.28)—式(4.1.31)四个方程中只含有四个变量，因此，方程组是封闭的。

4.1.2 边界条件

海床底部假定为刚性的不可渗透介质，从而海床底部边界条件可以表示为

$$w_s = w_w = 0,\ \frac{\partial p_s}{\partial Z} = 0,\ 当\ Z = -1 \tag{4.1.32}$$

在海床和水体交界面上，流体的流速连续，垂向有效应力为零，海床表面的孔隙水压力与水底的动水压强相等：

$$w = \frac{\varepsilon}{\mu} \kappa \gamma_{zz} C \sqrt{gh}\, w_w,\ \tau_{zz} = 0,\ p_s = p,\ 当\ z = -1 + \varepsilon \eta_r \tag{4.1.33}$$

需要指出的是 η_r 和 η 之间的大小关系对该问题的解有重要影响，不妨记

$$\lambda = k'_r / k',\ \sigma = a'_r / a'_0,\ \eta = a\exp(i\varphi),\ \eta_r = \sigma \exp(i\lambda x) \tag{4.1.34}$$

式中，φ_0 表示沙纹地形的初始相位。结合本书及前人试验与观测中的沙纹几何尺寸与波浪要素之间的量级关系[178,179]，这里主要研究 $O(\sigma^2) = O(\varepsilon)$ 的情况。根据 Taylor 级数可知，变量在沙纹表面的值可以展开为

$$\mathscr{F}(x,z,t) = \mathscr{F}(x,-1,t) + \varepsilon \left.\frac{\partial \mathscr{F}}{\partial z}\right|_{z=-1} \eta_r + \varepsilon^2 \frac{1}{2} \left.\frac{\partial^2 \mathscr{F}}{\partial z^2}\right|_{z=-1} \eta_r^2 + \cdots \tag{4.1.35}$$

式中，$\mathscr{F}$ 表示速度、压强和应力等变量。结合式(4.1.34)可知，式中等号右侧第一项以后属于 $O(\varepsilon\sigma)$，本书中主要关注 0 阶解，研究中将相应变量的Taylor级数展开形式代入边界条件(4.1.33)，整理与合并后可以得到 $z = -1$ 处的变量的 0 阶展开函数对应的边界条件。

在自由液面上，黏性旋转流速分量是势流速度高阶小量，对波浪运动影响很小。因此，水质点运动需要满足的运动和动力边界条件可以通过速度势函数 φ 表示为

$$\frac{1}{\mu^2}\frac{\partial\phi}{\partial z}=\frac{\partial\eta}{\partial t}+\varepsilon\frac{\partial\phi}{\partial x}\frac{\partial\eta}{\partial x}, \text{当 } z=\varepsilon\eta \tag{4.1.36}$$

$$-\eta=\frac{\partial\phi}{\partial t}+\frac{\varepsilon}{2}\left[\left(\frac{\partial\phi}{\partial x}\right)^2+\frac{1}{\mu^2}\left(\frac{\partial\phi}{\partial z}\right)^2\right], \text{当 } z=\varepsilon\eta \tag{4.1.37}$$

此外，研究中不考虑大气压强的影响，假定自由液面处的动水压强为零。

4.2 初边值问题的解

4.2.1 海床土体动力分析

根据 Mei 和 Foda[180]的研究可知，海床土体内部的剪切波具有两种模态，第一种模态的剪切波可以表示为 $\sqrt{G/\rho}$（ρ 为介质的特征密度，本书中选择的特征密度为孔隙流体的密度 ρ_w），砂土第一模态剪切波的波速在 100 至 500 m/s 范围内，且传播过程中速度基本保持不变；而第二模态剪切波属于耗散波，耗散波对应的衰减距离很小，与 $k_sG/v'_u\omega$ 处于同一量级。因此，研究中只需要在衰减距离范围之内考虑耗散波的影响。类似于 Stokes 边界层，Mei 和 Foda 将衰减距离以内区域称为海床边界层。另一方面，根据两种模态剪切波的波长和入射波浪波长的比例关系可以定义两种无量纲参数：

$$\kappa_1=k'l'_s, \text{其中 } l'_s=\sqrt{G/\rho_w}/\omega \tag{4.2.1}$$

$$\kappa_2=k'\delta'_s, \text{其中 } \delta'_s=\sqrt{Gk_s/\mu_w\omega} \tag{4.2.2}$$

式(4.2.1)和式(4.2.2)中，l'_s 为剪切波波长，δ'_s 为海床边界层厚度，μ_w 为水的动力黏滞系数。根据非线性长波的基本特征可知，在浅水地区无量纲尺度满足 $\kappa_1^2\gg1$ 和 $\kappa_2^2\ll1$ 。将上述无量纲参数代入式(4.1.30)可得

$$n_s(w_w-w_s)=-\frac{\kappa_2^2}{\kappa^2}\frac{\partial p_s}{\partial Z}+O\left(\frac{\kappa_2^2}{\kappa_1^2}\right) \tag{4.2.3}$$

式(4.2.3)表明在海床边界层以外土骨架和孔隙流体的相对位移可以忽略。类似地，将上述无量纲形式代入式(4.1.28)可得

$$\frac{\partial \tau_{zz}}{\partial Z}-\frac{\partial p_s}{\partial Z}=\frac{\kappa^2}{\kappa_1^2}\left[n_s\frac{\partial w_w}{\partial t}+(1-n_s)\frac{\rho_s}{\rho_w}\frac{\partial w_s}{\partial t}\right]+O(\kappa^2) \tag{4.2.4}$$

将式(4.2.3)代入式(4.1.29)可得

$$\frac{\partial^2 p_s}{\partial Z^2}-\frac{\kappa^2}{\kappa_2^2}\frac{\partial w_s}{\partial Z}=n_s\frac{\kappa^2}{\kappa_2^2}\frac{G}{K}\frac{\partial p_s}{\partial t} \tag{4.2.5}$$

根据 $\kappa_1^2\gg 1$ 可知，海床土体的加速度对土体动力的影响可以忽略，因此，由式(4.2.4)可得

$$\tau_{zz}-p_s=-p_b+O(\kappa^2) \tag{4.2.6}$$

式(4.2.6)即为太沙基有效应力原理。将有效应力原理代入本构方程，可得

$$\frac{\partial p_s}{\partial t}-\frac{\partial p_b}{\partial t}=\frac{2-2v}{1-2v}\frac{\partial w_s}{\partial Z}+O(\kappa^2) \tag{4.2.7}$$

最后，将上述本构关系代入式(4.2.5)，消除变量 w_s，得到海床土体内部超静孔隙水压力所满足的控制方程，方程可以表达为

$$\frac{\partial^2 p_s}{\partial Z^2}=\frac{\kappa^2}{\kappa_2^2}\chi^2\frac{\partial p_s}{\partial t}-\frac{\kappa^2}{\kappa_2^2}\Upsilon\frac{\partial p_b}{\partial t} \tag{4.2.8}$$

其中，

$$\chi^2=\Upsilon+n_s\frac{G}{K},\ \Upsilon=\frac{1-2v}{2-2v} \tag{4.2.9}$$

为了方便对式(4.2.8)进行求解，引入新的因变量 $\mathscr{P}$ 并定义为

$$\mathscr{P}=p_s-\frac{\Upsilon}{\chi^2}p_b \tag{4.2.10}$$

则控制式(4.2.8)可以转化为

$$\frac{\partial^2\mathscr{P}}{\partial Z^2}=\frac{\kappa^2}{\kappa_2^2}\chi^2\frac{\partial\mathscr{P}}{\partial t} \tag{4.2.11}$$

式(4.2.11)为一维扩散方程，需要满足的海床表面和海床底部边界条件为

$$\frac{\partial\mathscr{P}}{\partial Z}=0,\ 当\ Z=-1 \tag{4.2.12}$$

$$\mathscr{P}=\left(1-\frac{\Upsilon}{\chi^2}\right)p_b(x,t),\ 当\ Z=0 \tag{4.2.13}$$

4.2.1.1 线性解

对于弱频散浅水波，波浪传播过程中各成分之间能量转移可以忽略，采用线性解可以简洁且合理地描述超静孔隙水压力的分布特征。采用拉普拉斯变换方法可以求得初边值问题式(4.2.11)一式(4.2.13)的解：

$$\mathscr{P}=\left(1-\frac{\Upsilon}{\chi^{2}}\right)\int_{0}^{t}\frac{\partial p_{b}}{\partial \vartheta}\left\{1+\frac{2}{\bar{d}}\sum_{m=1}^{\infty}\frac{(-1)^{m}}{a_{m}}\exp[a_{m}(\vartheta-t)]\cos(a_{m}\ell)\right\}\mathrm{d}\vartheta \tag{4.2.14}$$

其中，

$$\ell=\frac{\chi\kappa}{\kappa_{2}}(Z+1),\ a_{m}=\frac{(2n-1)\pi}{2\bar{d}},\ \bar{d}=\frac{\chi\kappa}{\kappa_{2}} \tag{4.2.15}$$

将式(4.2.14)代入式(4.2.10)可得

$$p_{s}=\left(1-\frac{\Upsilon}{\chi^{2}}\right)\int_{0}^{t}\frac{\partial p_{b}}{\partial \vartheta}\left\{\frac{2}{\bar{d}}\sum_{m=1}^{\infty}\frac{(-1)^{m}}{a_{m}}\exp[a_{m}(\vartheta-t)]\cos(a_{m}\ell)\right\}\mathrm{d}\vartheta+p_{b} \tag{4.2.16}$$

再将式(4.2.16)代入式(4.2.7)并沿垂向积分，可得土骨架的垂向运动速度：

$$\begin{aligned}w_{s}=&\frac{\Upsilon\kappa}{\chi\kappa_{2}}\left(1-\frac{\Upsilon}{\chi^{2}}\right)\frac{\partial p_{b}}{\partial t}\left\{\frac{2}{\bar{d}}\sum_{m=1}^{\infty}\frac{(-1)^{m}}{a_{m}^{2}}\sin(a_{m}\ell)\right\}\\&-\frac{\Upsilon\kappa}{\chi\kappa_{2}}\left(1-\frac{\Upsilon}{\chi^{2}}\right)\int_{0}^{t}\frac{\partial p_{b}}{\partial \vartheta}\left\{\frac{2}{\bar{d}}\sum_{m=1}^{\infty}\frac{(-1)^{m}}{a_{m}^{2}}\exp[a_{m}(\vartheta-t)]\sin(a_{m}\ell)\right\}\mathrm{d}\vartheta\end{aligned} \tag{4.2.17}$$

最后，将式(4.2.16)和式(4.2.17)代入孔隙流体动量平衡方程式(4.2.3)，可知孔隙流体的垂向运动速度为

$$w_{w}=w_{s}-\frac{1}{n}\frac{\kappa_{2}^{2}}{\kappa^{2}}\frac{\partial p_{s}}{\partial Z} \tag{4.2.18}$$

弱频散浅水波包括线性长波、椭圆余弦波、孤立波和涌潮等，其中如孤立波和涌潮等浅水波，周期无限长，相应的波浪荷载不能通过傅里叶级数快速且有效逼近。而 Yamamoto 等[48]、Madsen[49] 以及 Hsu 和 Jeng[174] 等的解都假定了波

浪荷载可以按照傅里叶级数展开，因此，此时上述解均失效；然而，解(4.2.16)—解(4.2.18)可以克服上述研究不足。当波浪频散性较弱时，将床面动水压强代入上述解析解，即可得到海床土体内的孔隙水压力及渗流流速。上述几种常见浅水波传播时床面处动水压强可以表达如下。

线性长波：

$$p_b = \frac{1}{2}\exp(i\varphi) + \text{c. c.} \tag{4.2.19}$$

椭圆余弦波：

$$p_b = \frac{K_m}{K_m - E_m}\left\{\left(1 - m - \frac{E_m}{K_m}\right) + m\,\mathrm{Cn}^2\left[2\frac{K_m}{\pi}(x - Ct)\right]\right\} \tag{4.2.20}$$

孤立波：

$$p_b = \mathrm{sech}^2\left[\sqrt{\frac{3\varepsilon}{4\mu^2}}(x - Ct)\right] \tag{4.2.21}$$

涌潮：

$$p_b = \frac{1}{2}\left\{1 - \tanh\left[\sqrt{\frac{3\varepsilon}{4\mu^2}}(x - Ct)\right]\right\} \tag{4.2.22}$$

其中，C 为浅水波的运动速度。

Liu 等[43]同样研究了弱频散性长波作用下海床土体内的渗流问题，在 Packwood 和 Peregrine[138]的基础上考虑了饱和度的影响，推导了孔隙水压力解析解。然而 Liu 等[43]研究中假定土骨架不可变形，所以其研究结果只适用于土体压缩模量远大于孔隙流体压缩模量的情况。通常密实的砂质土体压缩模量在 10^7 Pa 量级，当孔隙流体的压缩模量同样处于 10^7 Pa 量级[9,43]时，忽略土体变形的影响并不合理。为了说明土骨架变形的影响，这里将结合试验测量结果比较解(4.2.16)与 Liu 等解析解之间的差异。与 Liu 等[43]保持一致，这里同样选择与 Oumeraci 等[181]的试验结果进行比较，试验中浅水波波高为 0.6 m，波周期为 4.5 s，试验水深和海床厚度分别为 1.6 m 和 2.45 m，海床土体组次颗粒的中值粒径为 0.21 mm，土体的固有渗透系数为 1×10^{-11} m^2，孔隙度为 0.45，海床土体的剪切模量和泊松比分别取为 4.9×10^7 Pa 和 0.32。与 Liu 等一致，将海床土体的饱和度取为 0.99，海床表面的动水压强通过式(4.2.19)给出。图 4.2 中同时展示了解析结果与试验结果，由图可知，本书解析结果与试验测量结果在海床底部更加吻合，表明通过解(4.2.16)可以合理地计算波浪荷载作用下海床土体内的超静孔隙水压力。

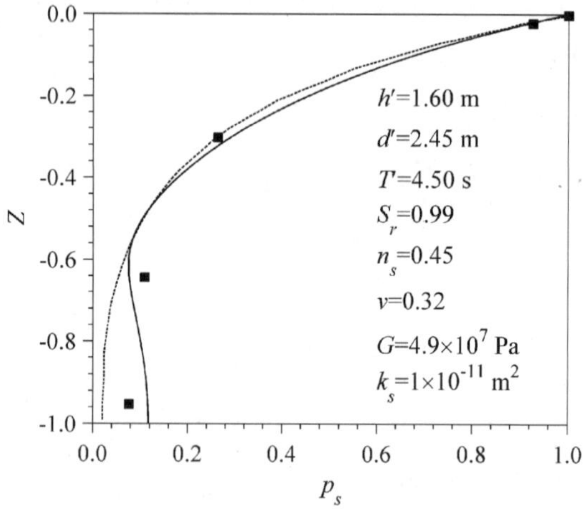

——:本书解(4.2.16);┄┄:Liu 等解析解;■:试验测量结果。

图 4.2　土体内超静孔隙水压力解析解与试验数据之间的比较

4.2.1.2　非线性解

在强非线性浅水波作用下，海床土体内部超静孔隙水压力和床面的动水压强可以按照傅里叶级数展开为

$$p_s = \frac{1}{2}\sum_{m=1}^{\infty} P_m(Z)\exp(im\varphi) + \text{c. c.}\ ,\ p_b = \frac{1}{2}\sum_{m=1}^{\infty} P_{bm}\exp(im\varphi) + \text{c. c.} \tag{4.2.23}$$

式中，P_{bm} 为床面动水压强所对应各阶模态谐波对应的幅值，从而扩散方程的因变量 $\mathscr{P}$ 可以表示为

$$\mathscr{P} = \frac{1}{2}\sum_{m=1}^{\infty}\left(P_m(Z) - \frac{\Upsilon}{\chi^2}P_{bm}\right)\exp(im\varphi) + \text{c. c.} \tag{4.2.24}$$

其中，$\varphi = x - t$ 表示载波的相位。将式(4.2.24)代入控制方程及边界条件，可以解得

$$P_m(Z) - \frac{\Upsilon}{\chi^2}P_{bm} = \left(1 - \frac{\Upsilon}{\chi^2}\right)\frac{\cosh(\bar{\omega}_m Z + \bar{\omega}_m)}{\cosh(\bar{\omega}_m)}P_{bm} \tag{4.2.25}$$

根据式(4.2.25)可知

$$p_s = \frac{1}{2}\sum_{m=1}^{\infty}\left[\left(1-\frac{\Upsilon}{\chi^2}\right)\frac{\cosh(\tilde{\omega}_m Z+\tilde{\omega}_m)}{\cosh(\tilde{\omega}_m)}+\frac{\Upsilon}{\chi^2}\right]P_{bm}\exp(im\varphi)+\text{c. c.} \tag{4.2.26}$$

其中，$\tilde{\omega}_m$ 为常数，只与海床属性相关且定义为

$$\tilde{\omega}_m = -\frac{1-i}{2}\frac{\kappa}{\kappa_2}\sqrt{2m}\chi \tag{4.2.27}$$

将解(4.2.26)代入式(4.2.7)，沿垂向积分，结合海床底部边界条件，海床土体的垂向速度分量可确定为

$$w_s = \frac{\Upsilon}{2}\sum_{m=1}^{\infty}im\left(1-\frac{\Upsilon}{\chi^2}\right)\left[1+Z-\frac{\sinh(\tilde{\omega}_m Z+\tilde{\omega}_m)}{\tilde{\omega}_m\cosh(\tilde{\omega}_m)}\right]P_{bm}\exp(im\varphi)+\text{c. c.} \tag{4.2.28}$$

最后，将式(4.2.26)和式(4.2.28)代入孔隙流体动量平衡方程式(4.2.3)，可知孔隙流体的垂向运动速度为

$$w_w = \frac{1}{2}\sum_{m=1}^{\infty}im\left(1-\frac{\Upsilon}{\chi^2}\right)\mathscr{R}(Z,m)P_{bm}\exp(im\varphi)+\text{c. c.} \tag{4.2.29}$$

其中，$\mathscr{R}(Z)$ 为 Z 的函数，定义为

$$\mathscr{R}(Z,m) = \Upsilon(1+Z)+(\chi^2-n_s\Upsilon)\frac{\sinh(\tilde{\omega}_m Z+\tilde{\omega}_m)}{n_s\tilde{\omega}_m\cosh(\tilde{\omega}_m)} \tag{4.2.30}$$

海床土体动力分析结果表明海床内土体的应力和速度与海床厚度密切相关。如图 4.3(a)所示，若 $\kappa \gg \kappa_2$，则当海床深度大于 6 倍海床边界层厚度时，海床土体可以划分为两个区域——排水区和不排水区，这与 Zienkiewicz 等[55]的研究结论一致。计算结果显示当深度大于 6 倍海床边界层厚度时，即 $Z \leqslant -0.78$，土骨架和孔隙流速的运动速度基本相同，即 $w_w = w_s$，表明波浪荷载作用下土体处于不排水状态；但是在 0 至 6 δ_s' 范围内，第二类剪切波对土骨架和孔隙流体运动的影响不可忽略，受此影响，孔隙流体和土骨架的运动速度也存在明显差异。另一方面，若 $\kappa \leqslant \kappa_2$，则海床底部边界条件对土动力和速度的分布规律也有明显影响。如图 4.3(b)所示，当海床厚度从 10 m 减小到 3 m 时，土体内超静孔隙水压力和速度与 4.3(a)中表层 3 m 范围内其分布曲线之间也存在明显差异。

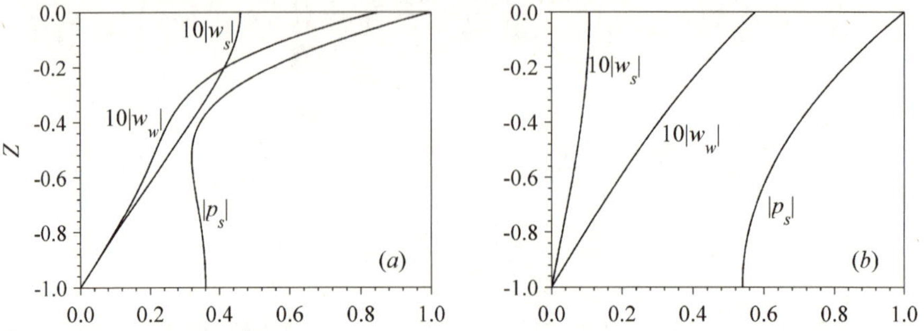

(a) $d'=10$ m, $\kappa=0.316$　　(b) $d'=3$ m, $\kappa=0.095$

图 4.3　超静孔隙水压力、土骨架和孔隙流体垂向速度分布（$h'=10$ m，$\kappa_2=0.04$，$n_s=0.45$，$\nu=0.33$，$G=K=10^7$ Pa，$k_s=5\times10^{-11}$ m^2，$P_{b1}=1$，$P_{bm}=0$（$m=2,3,\cdots$））

4.2.2　波浪边界层分析

在水底边界层内，水质点流速可以分解为两个部分，无旋流速分量和旋转流速分量，即

$$u=\frac{\partial\phi}{\partial x}+u_0^r+\cdots,\ w=\frac{\partial\phi}{\partial z}+\alpha\mu w_1^r+\cdots \tag{4.2.31}$$

为了分析水底边界层内的流速特征，在研究中引入拉伸坐标系 $\mathscr{U}$，并将 $\mathscr{U}$ 定义为

$$\mathscr{U}=\frac{\mu}{\alpha}(z+1)+\hbar,\ \hbar=\frac{\mu}{\alpha}\frac{a_\delta\delta'_r}{h'},\ \delta'_r=2a'_r \tag{4.2.32}$$

在拉伸坐标系中，关于旋转速度分量的 0 阶连续性方程和动量平衡方程为

$$\frac{\partial u_0^r}{\partial x}+\frac{\partial w_1^r}{\partial\mathscr{U}}=0 \tag{4.2.33}$$

$$\frac{\partial u_0^r}{\partial t}=\mathscr{U}\frac{\partial^2 u_0^r}{\partial\mathscr{U}^2}+\frac{\partial u_0^r}{\partial\mathscr{U}} \tag{4.2.34}$$

将 u_0^r 按小参数 ε 进行摄动展开，在海床表面处，再将 u_0^r 按式(4.1.35)进行 Taylor 展开，将展开形式代入边界条件可以得到 u_0^r 各阶解的控制方程。其中，0 阶摄动展开形式的控制方程与式(4.2.34)一致；同时，边界层内的高阶解对浅水波传播特性的影响很小，本书只关注 0 阶解，因此为了表达简洁，这里仍用 u_0^r 表示 u_0^r 的 0 阶摄动展开，对应的边界条件为

$$u_0^r = -u_b，当 \xi = 0 \tag{4.2.35}$$

$$u_0^r \to 0，当 \xi \to \infty \tag{4.2.36}$$

需要指出的是，由海床土体动力分析结果可知，长波作用下的水平方向渗流速度远小于垂直方向的渗流速度。因此与第三章同理，忽略水平渗流速度对波浪传播演变特性的影响。

通过傅里叶级数可以将旋转速度展开为

$$u_0^r = \frac{1}{2}\sum_{m=1}^{\infty} U_m(\mathscr{U})\exp(im\varphi) + \text{c. c.}, \quad u_b = \frac{1}{2}\sum_{m=1}^{\infty} b_m \exp(im\varphi) + \text{c. c.} \tag{4.2.37}$$

将上式代入控制方程式(4.2.34)和边界条件(4.2.35)-(4.2.36)，可解得

$$U_m(\mathscr{W}_m) = -b_m \frac{H_0^{(1)}(\mathscr{W}_m)}{H_0^{(1)}(\lambda_m)} \tag{4.2.38}$$

其中，

$$\mathscr{W}_m = 2\sqrt{im\mathscr{U}}, \quad \lambda_m = 2\sqrt{im\hbar} \tag{4.2.39}$$

结合连续性方程(4.2.33)和边界条件(4.1.33)，旋转速度的水平和垂直方向的分量可以确定为

$$u_0^r = -\frac{1}{2}\sum_{m=1}^{\infty} \frac{b_m}{H_0^{(1)}(\lambda_m)} H_0^{(1)}(\mathscr{W}_m)\exp(im\varphi) + \text{c. c.} \tag{4.2.40}$$

$$w_1^r = \frac{1}{2}\sum_{m=1}^{\infty} \frac{1}{2}\frac{b_m}{H_0^{(1)}(\lambda_m)} \mathscr{W}_m H_1^{(1)}(\mathscr{W}_m)\exp(im\varphi) + \text{c. c.} \tag{4.2.41}$$

4.2.3 核心区的波浪运动

在核心区，波浪运动可以通过势流理论描述，浅水波的速度势函数可以展开为$(z+1)$的级数形式：

$$\phi(x,z,t) = \phi_0(x,t) + (z+1)\phi_1(x,t) + (z+1)^2\phi_2(x,t) + \cdots \tag{4.2.42}$$

将式(4.2.42)代入拉普拉斯方程(4.1.8)可得如下递推关系：

$$\phi_{m+2} = -\frac{\mu^2}{(m+2)(m+1)}\frac{\partial^2 \phi_m}{\partial x^2}, \quad m = 0, 1, 2, \cdots \tag{4.2.43}$$

递推关系(4.2.43)对应的奇数项首项 $\phi_1(x,t)$ 和偶数项的首项 $\phi_0(x,t)$ 分别满足：

$$u_b = \frac{\partial \phi_0(x,t)}{\partial x},\ \phi_1(x,t) = \left.\frac{\partial \phi(x,z,t)}{\partial z}\right|_{z=-1} \tag{4.2.44}$$

将势函数展开式与递推关系代入自由表面运动边界条件和动力边界条件可得

$$\frac{\partial \eta}{\partial t} + \frac{\partial}{\partial x}[(1+\varepsilon\eta+\varepsilon\eta_r)\bar{u}] - \frac{\phi_1}{\mu^2} = O(\varepsilon\mu^2,\mu^4) \tag{4.2.45}$$

$$\frac{\partial \bar{u}}{\partial t} + \frac{\partial \eta}{\partial x} + \varepsilon\bar{u}\frac{\partial \bar{u}}{\partial x} - \frac{\mu^2}{3}\frac{\partial^3 \bar{u}}{\partial x^2 \partial t} = O(\varepsilon\mu^2,\mu^4) \tag{4.2.46}$$

其中，$\bar{u}$ 是水深平均的水平方向势流流速，可以表示为

$$\bar{u} = \frac{1}{1+\varepsilon\eta}\int_{-1}^{\varepsilon\eta}\frac{\partial \phi}{\partial x}\mathrm{d}z = u_b - \frac{\mu^2}{6}(1+\varepsilon\eta)^2\frac{\partial^2 u_b}{\partial x^2} + O(\mu^4) \tag{4.2.47}$$

式(4.2.45)和式(4.2.46)为改进的 Boussinesq 方程，方程考虑了床面沙纹对浅水波传播特性的影响。若 $\alpha=0$ 且 $\sigma=0$，则方程退化为传统 Boussinesq 方程。

4.2.4 改进的 KdV 方程及其解

为了分析浅水波波面的变化特性，在研究中引入移动坐标系，移动坐标系的坐标变量分别定义为

$$\varphi = x - t,\ X = \varepsilon x \tag{4.2.48}$$

其中，X 表示 ε 阶慢变空间坐标。在移动坐标系下，相关的偏导数可以转变为

$$\frac{\partial}{\partial t} \to -\frac{\partial}{\partial \varphi},\ \frac{\partial}{\partial x} \to \frac{\partial}{\partial \varphi} + \varepsilon\frac{\partial}{\partial X} \tag{4.2.49}$$

将式(4.2.49)代入 Boussinesq 方程并结合一阶精度近似 $\bar{u}=\eta$，可得

$$\frac{\partial \eta}{\partial X} + \frac{3}{4}\frac{\partial \eta^2}{\partial \varphi} + \frac{1}{2}\eta_r\frac{\partial \eta}{\partial \varphi} + \frac{1}{6}\frac{\mu^2}{\varepsilon}\frac{\partial^3 \eta}{\partial \varphi^3} - \frac{\phi_1}{2\varepsilon\mu^2} = O(\varepsilon) \tag{4.2.50}$$

式(4.2.50)为修正的 KdV 方程，通过求解修正的 KdV 方程可以得到波高的衰减速率。

4.2.4.1　线性解

忽略非线性对浅水波传播的影响，对修正的 KdV 方程进行线性化，可得

$$\frac{\partial \eta}{\partial X}+\frac{1}{2}\eta_r\frac{\partial \eta}{\partial \varphi}=\frac{\phi_1}{2\varepsilon\mu^2} \tag{4.2.51}$$

对于线性长波，波面函数可以表示为

$$\eta=\frac{1}{2}A(X)\exp(i\varphi)+\text{c. c.} \tag{4.2.52}$$

根据自由液面运动边界条件和动力边界条件，可知

$$\eta=p_b+O(\varepsilon)=-\frac{\partial \phi_0}{\partial t}+O(\varepsilon)\Rightarrow A=p_{b1}+O(\varepsilon)=b_1+O(\varepsilon) \tag{4.2.53}$$

在移动坐标系下，海床表面垂直方向的速度连续边界条件可以表达为

$$\phi_1=\frac{1}{2}\psi_1 A\exp(i\varphi)+\text{c. c.} \tag{4.2.54}$$

其中，

$$\psi_1=-\alpha\mu\frac{\lambda_1 H_1^{(1)}(\lambda_1)}{2H_0^{(1)}(\lambda_1)}-i\varepsilon\sqrt{gh}\frac{\omega p_0\kappa}{\mu k' G}\left(1-\frac{\Upsilon}{\chi^2}\right)\mathscr{R}(0,1) \tag{4.2.55}$$

将式(4.2.53)和式(4.2.54)代入式(4.2.52)，可得

$$\frac{\mathrm{d}A}{\mathrm{d}X}=\left(\frac{\psi_1}{2\varepsilon\mu^2}-\frac{1}{2}i\eta_r\right)A \tag{4.2.56}$$

令 $\mathscr{D}=\mathscr{D}_r+i\mathscr{D}_i=\psi_1/2\varepsilon\mu^2-i\eta_r/2$，则式(4.2.56)的解可以表示为

$$A(X)=a_0\exp(-\mathscr{D}_i X)\exp(i\mathscr{D}_r X) \tag{4.2.57}$$

其中，$\mathscr{D}_i$ 表示波高衰减率，$\mathscr{D}_r$ 表示波数偏移。

4.2.4.2　非线性解

对于连续的波浪序列，其自由液面可以按照傅里叶级数展开为

$$\eta=\frac{1}{2}\sum_{m=1}^{\infty}A_m\exp(im\varphi)+\text{c. c.} \tag{4.2.58}$$

根据自由液面的运动边界条件和动力边界条件可知

$$\eta = p_b + O(\varepsilon) = -\frac{\partial \phi_0}{\partial t} + O(\varepsilon) \Rightarrow A_m = P_{bm} + O(\varepsilon) = b_m + O(\varepsilon) \tag{4.2.59}$$

因此，在移动坐标系下，海床表面垂直方向速度连续边界条件可以表达为

$$\phi_1 = \frac{1}{2}\alpha\mu \sum_{m=1}^{\infty} \psi_m A_m \exp(im\varphi) + \text{c. c.} \tag{4.2.60}$$

其中，ψ_m 是 m 的函数，实际外海条件下 ψ_m 可以表示为

$$\psi_m = -\frac{1}{2}\frac{\lambda_m H_1^{(1)}(\lambda_m)}{H_0^{(1)}(\lambda_m)} - im\frac{\kappa\varepsilon\omega p_0\sqrt{gh'}}{\alpha\mu^2 k' G}\left(1 - \frac{\Upsilon}{\chi^2}\right)\mathscr{R}(0, m) \tag{4.2.61}$$

将式(4.2.54)和式(4.2.60)代入式(4.2.50)，可得

$$\frac{\mathrm{d}A_m}{\mathrm{d}X} - \frac{im^3}{6}\frac{\mu^2}{\varepsilon}A_m + \frac{im}{2}\eta_r A_m + \frac{3im}{8}G_m = \frac{\alpha}{2\varepsilon\mu}\psi_m A_m \tag{4.2.62}$$

其中，

$$G_m = \sum_{j=1}^{\infty} 2A_j^* A_{m+j} + \sum_{j=1}^{[m/2]} \alpha_j A_j A_{m-j} \tag{4.2.63}$$

式(4.2.63)中，A_j^* 表示 A_j 的共轭复数，$[m/2]$ 表示 $m/2$ 的整数部分，α_j 为常数，若 m 是奇数，则 $\alpha_j \equiv 2$，若 m 为偶数，则

$$\begin{cases} \alpha_j = 2, & \text{当 } j = 1, 2, \cdots, \dfrac{m}{2} - 1 \\ \alpha_j = 1, & \text{当 } j = \dfrac{m}{2} \end{cases} \tag{4.2.64}$$

式(4.2.62)为变量 $A_m (m = 1, 2, 3, \cdots)$ 的一阶线性常微分方程组，截断后该方程组可以通过有限差分方法进行数值求解。

4.3 理论验证

本小节将采用第二章测量结果对 4.2 小节中的半解析理论进行验证，由于沙纹对边界层内的水动力结构有较大影响，边界层厚度大于 3 cm，超过了 ADV 的捕捉范围。与此同时，研究过程中通过三角函数对沙纹形态进行概

化，在沙纹尺度上存在一定误差。因此，这里主要对海床内的孔隙水压力和水面过程进行验证。

4.3.1　孔隙水压力的验证

图 4.2 的试验验证结果表明，本书推导的浅水波作用下孔隙水压力解可以较好地描述线性长波作用下孔隙水压力的分布特征。为了验证本书解在强频散性浅水波条件下的可靠性，这里将解析解计算结果与本书第二章的细砂试验结果进行比较。细砂试验中的土层较薄且上覆水体较浅，砂槽内土体的剪切模量为9.1×10^6 Pa，石英砂对应的泊松比为 0.33，验证中土体的饱和度取值为 0.98，其他参数取值见表 2.1 和表 2.2。

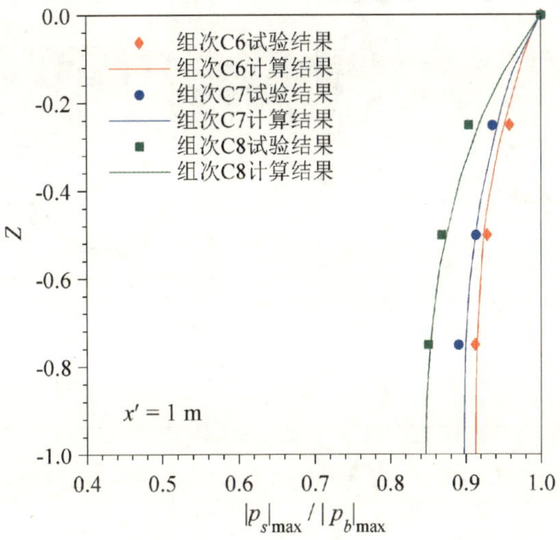

图 4.4　浅水波作用下砂床内超静孔隙水压力最大值的垂向分布

图 4.4 中分别展示了三组试验中 $x'=1$ m 的剖面上超静孔隙水压力最大值沿海床深度方向分布。图中标识点为试验测量结果，实线为理论计算结果。由图可知，本书中的解析解计算结果与试验测量结果较为吻合，这表明本书解也可以较好地描述强非线性、强频散性浅水波作用下海床土体内孔隙水压力的响应规律。

4.3.2　水面过程验证

细砂质海床试验中，床面沙纹形态对边界层内涡黏系数有重要影响。沙纹床面上，沙纹形态并不是完全规则的且会随时间变化，通过流速观测结果很难确定摩阻流速的大小。Sleath[182] 根据研究指出沙纹床面上的摩阻流速可以通过如下公式进行计算：

$$u'_{*}=\frac{\kappa_m u'_r}{\ln\left(\frac{z'_r}{\delta'_r}\right)-\ln\left(0.44\,\frac{\varepsilon\sqrt{gh'}}{u'_{*}}\right)} \tag{4.3.1}$$

式(4.3.1)中，u'_r 为位置高度为 z'_r 处的水质点速度的水平分量。采用迭代方法可以求解上式，以确定沙纹床面上的摩阻流速，进而确定边界层内的特征涡黏系数。由于沙纹地形高度具有一定的随机性，这里采用沙纹的有效高度作为尼古拉兹糙度。

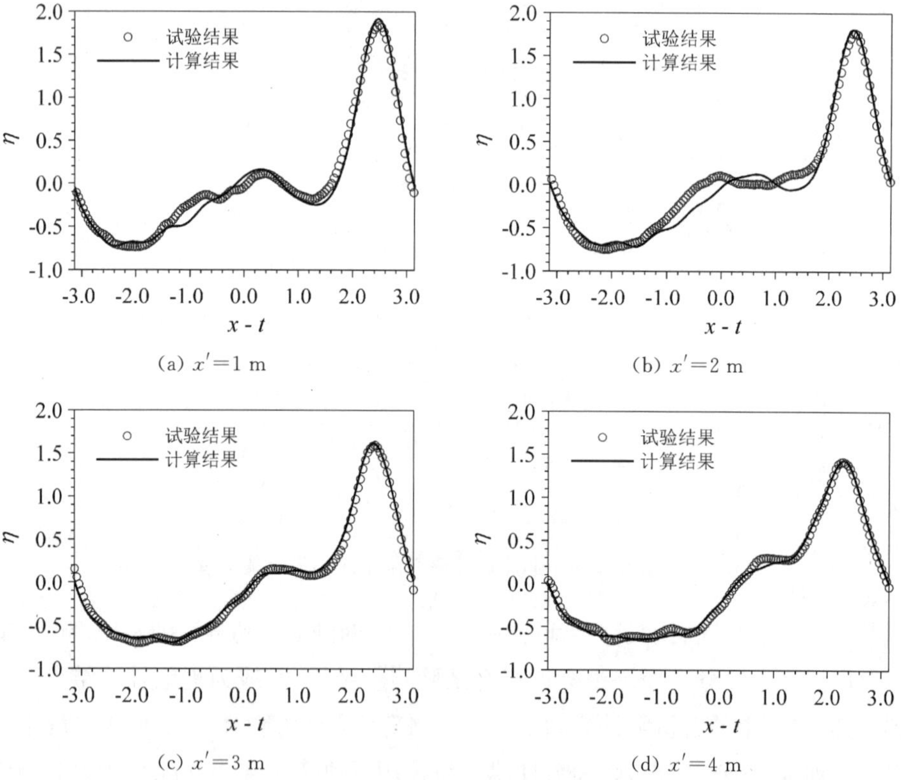

图 4.5　波浪传播上不同位置处的波形

图 4.5 分别给出了试验组次 C8 中沿波浪传播方向上四个位置处波形的测量结果和理论计算结果，子图(a)—(d)所对应的位置分别为 $x'=1$ m、$x'=2$ m、$x'=3$ m 和 $x'=4$ m。由图可知，理论计算结果与试验测量结果较为一致，两者

之间的较小差异可能来自沙纹地形的随机性和高阶谐波的影响。

图 4.6 进一步展示了试验组次 C6 和 C8 中前四阶谐波振幅空间分布的理论计算结果和试验测量结果。通过比较可知，理论计算结果与试验测量结果趋势吻合，这表明半解析理论可以合理地描述强非线性、强频散性浅水波传播过程中各阶谐波之间的波-波相互作用特性，因此，该理论可以用于研究浅水波在沙纹地形上的传播演变特性。

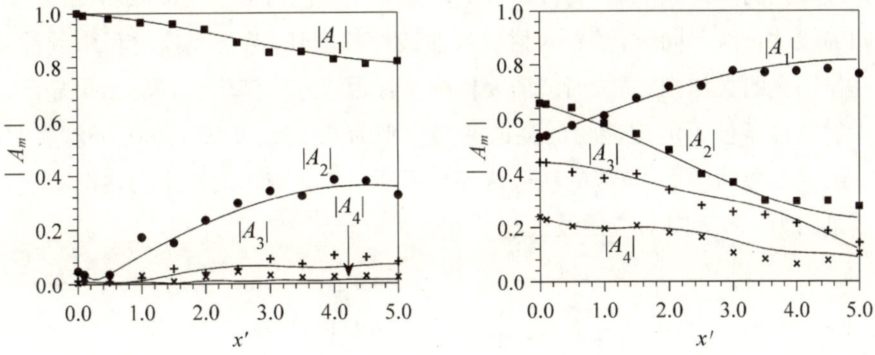

(a) 试验组次 C6　　(b) 试验组次 C8

图 4.6　浅水波前四阶谐波波幅在砂槽上方的分布

4.4　波浪与海床参数影响分析

上部分理论验证结果表明，本书提出的半解析理论方法可以可靠地计算沙纹地形上浅水波的传播特性。本小节将采用上述理论方法进一步分析入射波浪条件和沙纹尺寸对浅水波传播规律的影响。

4.4.1　入射波浪条件的影响

改进的 Boussinesq 方程和改进的 KdV 方程均表明入射波浪条件，比如厄塞尔数（ε/μ^2），对浅水波的传播演变规律具有重要影响。为了方便讨论入射波浪条件对浅水波传播特性的影响，假定相对水深满足 $\mu^2=0.1$，即水深和波长之比接近 1∶20，研究中的水深条件为 10 m，摩阻流速通过式(4.3.1)进行计算，表征沙纹高度的参数 $\sigma=0.3$，表征沙纹长度的参数 $\lambda=30$，对于土体 $n=0.4$，$S_r=0.99$ 且 $G=5\times10^7$ Pa。与第三章类似，本章同样假定入射波浪为线性长波 $A_1(X=0)=1$ 且 $A_m(X=0)=0\ (m=2,3,\cdots,10)$。研究中基于半解析非线性理论分别计算了 $\varepsilon = 0.1$ 、$\varepsilon = 0.15$ 和 $\varepsilon = 0.2$ 三种入射波浪条件下，波浪的传播演变规律。

图 4.7 分别展示了三种入射波浪条件下，浅水波前四阶谐波波幅的空间变化曲线和波浪能量的空间变化特征。对比子图(a)、(c)和(e)可知，入射波浪的非线性越强时，初始阶段高阶谐波吸收低阶谐波的能量越多。随着高阶谐波贡献的增大及一阶谐波能量的减小，波浪形态的非线性特征会快速增强；但是随着传播过程中高阶谐波能量的耗散，波浪形态的非线性特征会逐渐减弱，最终又会回归为线性长波。同时，随着入射波浪非线性的增强，谐波传播过程中的波-波相互作用会明显加剧，高阶谐波需要传播更长距离才会消失。计算结果显示，三种入射波浪条件下波浪能量的耗散速率分别为 0.124、0.104 和 0.092，表明随着非线性参数的增大，波能的耗散速率会逐渐减小且减小的速率会逐渐减慢，这主要是因为 ε 较大时对应的波浪能量也更大。

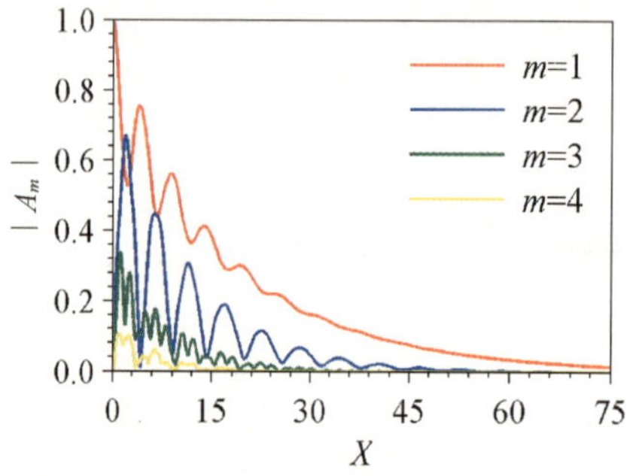

(a) ε=0.1

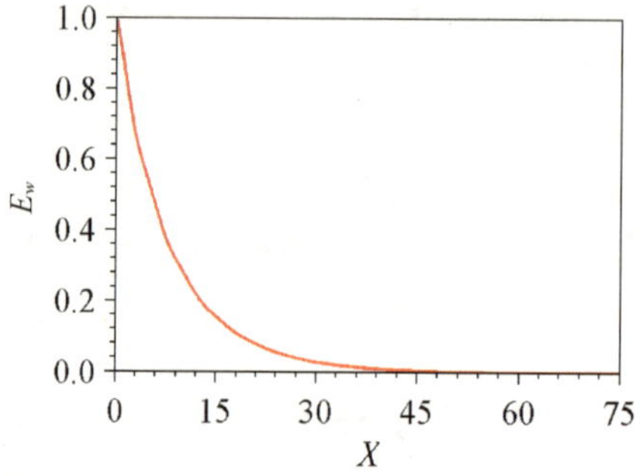

(b) ε=0.1

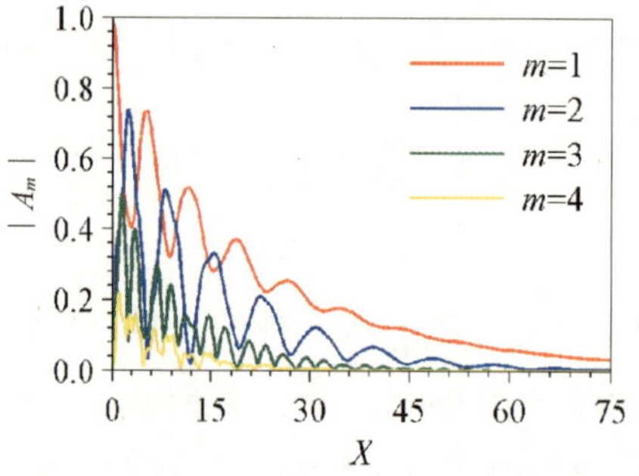

(c) ε=0.15

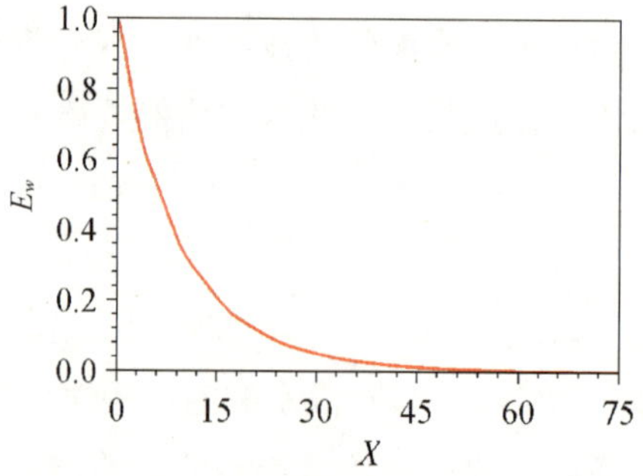

(d) ε=0.15

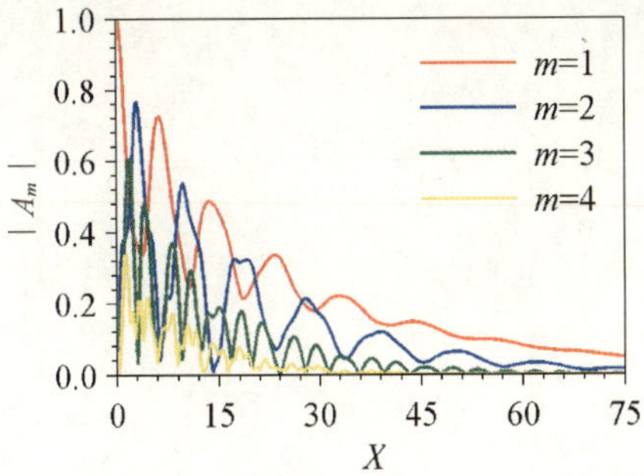

(e) ε=0.2

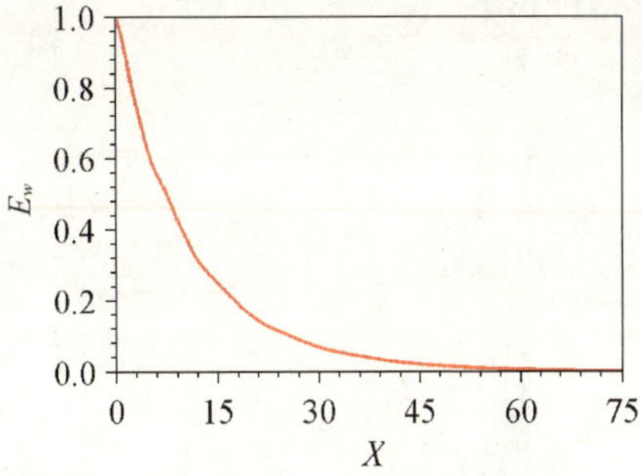

(f) ε=0.2

图 4.7 不同入射波浪条件下浅水波前四阶谐波波幅及波浪能量的空间分布

4.4.2 沙纹尺寸的影响

通过边界层分析可知，床面沙纹的高度对理论零点的位置有重要影响，同时根据式(4.3.1)可知床面沙纹高度也会直接影响摩阻流速的大小。为了探讨沙纹高度对浅水波传播特性的影响规律，本书研究了 10 m 水深条件下，入射波浪条件满足 $\varepsilon=\mu^2=0.1$ 的浅水波在 σ 分别为 0.2、0.3 和 0.4 的沙纹床面上的传播规律。根据式(4.3.1)可知，浅水波在上述三种沙纹床面上的摩阻系数分别为 0.070 m/s、0.077 m/s 和 0.083 m/s。

图 4.8 分别展示了浅水波在上述三种沙纹地形上的传播演变特征。由图可知，三种地形条件下，谐波的变化趋势较为一致。但是当沙纹高度由 $\sigma=0.2$ 增大到 $\sigma=0.4$ 时，谐波波幅的衰减速率有一定增加，例如：当 $\sigma=0.2$ 时，二阶谐波波幅的模第二次达到最大值 0.49 时，会超过相应位置处一阶谐波波幅的模 0.47；然而当 $\sigma=0.4$ 时，二阶谐波的模第二次达到最大值 0.42 时，小于该处一阶谐波波幅的模 0.43。结合上述三种条件下浅水波能量的变化曲线可知，三种地形条件下波浪能量的耗散速率分别为 0.105、0.124 和 0.140，这表明当沙纹高度 σ 在 0.2～0.4 范围内时，波能耗散速率与沙纹高度近似线性相关。图 4.9 进一步展示了不同沙纹长度条件下，浅水波的传播演变规律。计算结果显示，当浅水波波长与沙纹波长之比 λ 为 30、20 和 10 时，波浪能量的衰减速率分别为 0.125、0.124 和 0.123。同时，三种沙纹地形条件下高阶谐波的空间变化规律基本一致。因此，当 $O(\lambda)=O(10)$ 时，沙纹的波长对浅水波的传播特性影响较小。值得注意的是，若沙纹的尺寸超过本书的研究范围，如当 $O(\lambda)=O(1)$ 且 $O(\sigma)=O(1)$ 时，根据前人研究结果可知，沙纹长度和高度对波浪的传播特性的

影响都很大[183,184]。

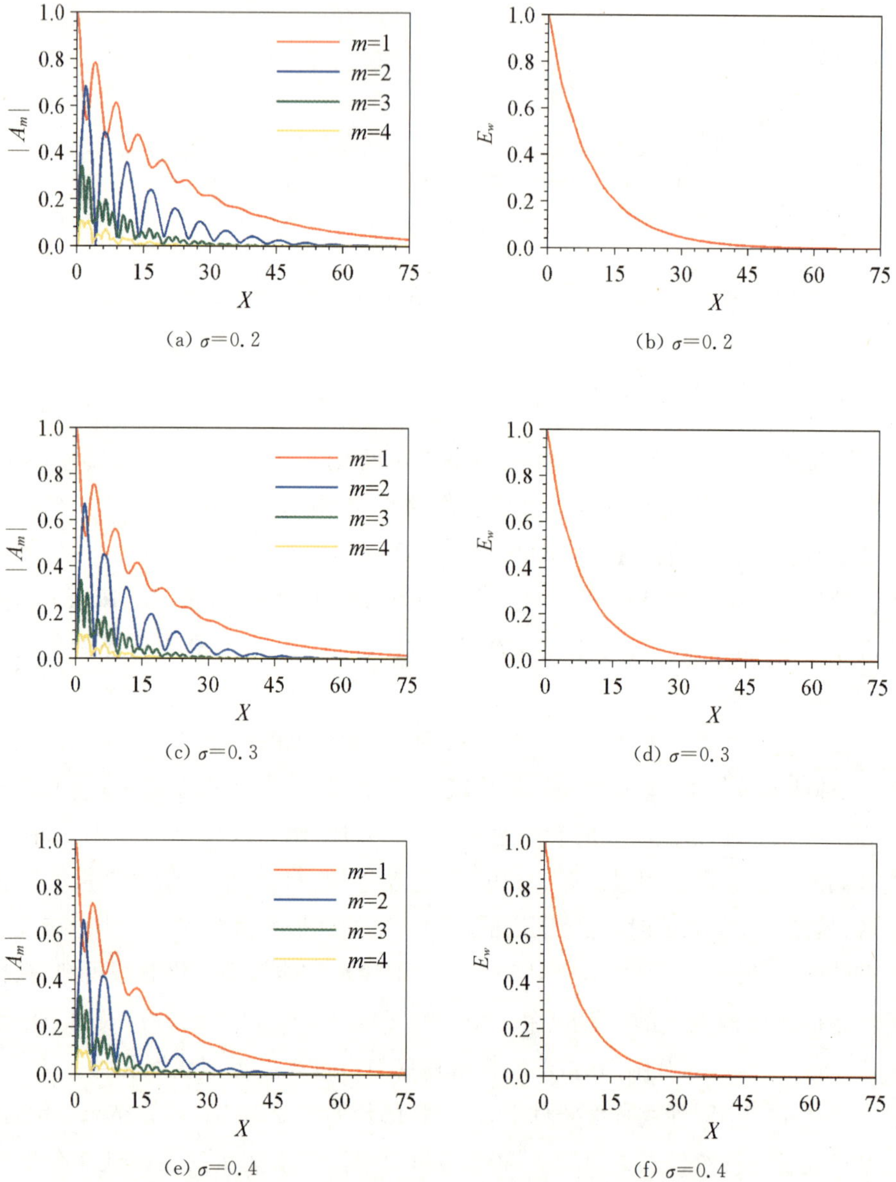

图 4.8 不同沙纹高度条件下浅水波前四阶谐波波幅及波浪能量的空间分布

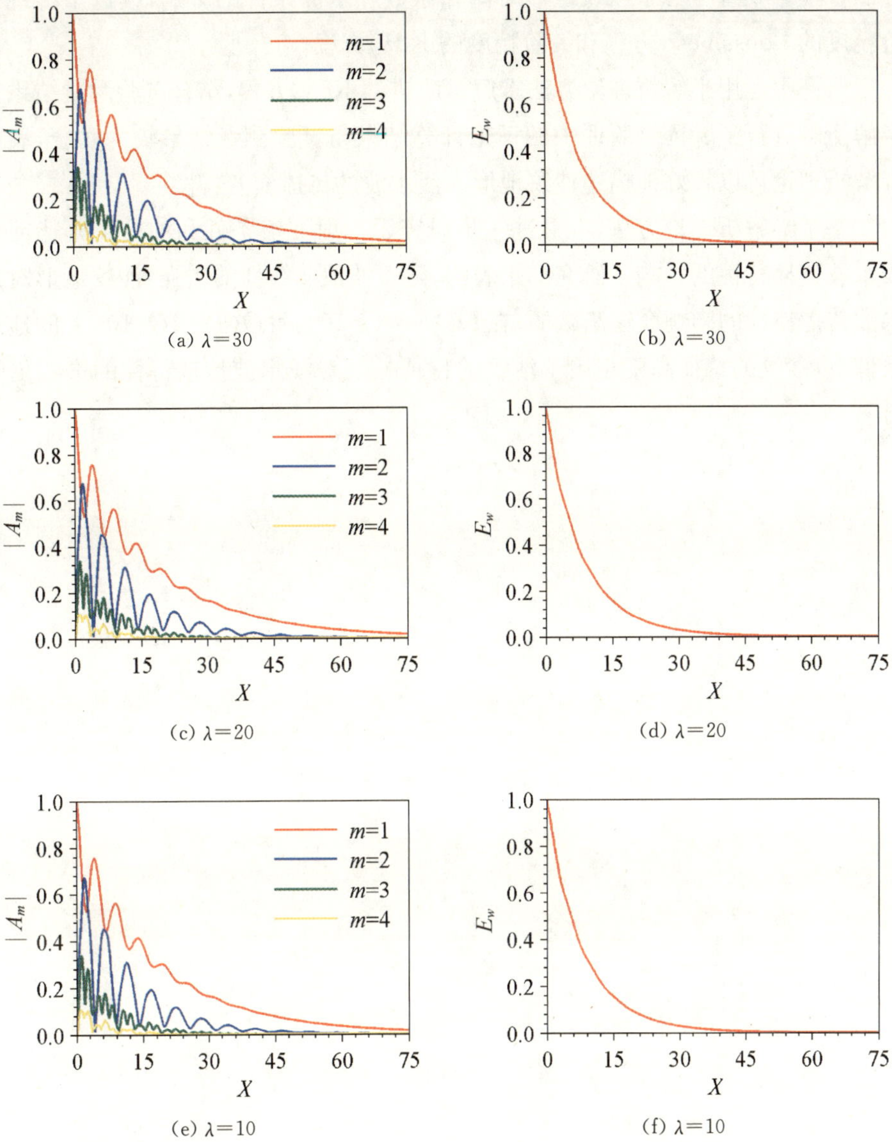

(a) λ=30　(b) λ=30

(c) λ=20　(d) λ=20

(e) λ=10　(f) λ=10

图 4.9　不同沙纹波长条件下浅水波前四阶谐波波幅及波浪能量的空间分布

4.5　本章小结

为了研究床面沙纹地形对浅水波传播演变规律的影响，本章基于 Biot 固结理论、边界层理论、紊流半经验理论和势流理论推导了沙纹地形上浅水波运动的控制方程。模型考虑了沙纹地形对涡黏系数和水深条件的影响，改进了传统二阶精度的 Boussinesq 方程和一阶精度的 KdV 方程。

研究中运用半解析理论方法求解了改进的 KdV 方程，结合试验测量结果对半解析解进行了验证。验证中的理论计算结果与试验测量结果较为吻合，表明半解析理论可以较好地描述沙纹地形上浅水波的传播演变特性。

基于半解析理论方法，本书进一步研究了入射波浪条件和沙纹尺寸特征对浅水波传播特性的影响。研究结果表明，随着波浪非线性的增强，沙纹地形对浅水波传播特性的影响会逐渐减弱；在 $O(\lambda)=O(10)$ 和 $O(\sigma)=O(10^{-1})$ 的地形条件下，沙纹的特征高度相比于沙纹的特征长度对浅水波传播特性的影响更加显著。

第五章

海床土体液化对浅水波传播特性的影响理论研究

第二章的试验结果表明，粉砂质海床在波浪作用下液化后，液化层会与上覆水体一起运动。上覆水体和液化层之间存在较大的密度差，二者一起形成了两层流系统。由于液化层内流体的黏度远大于水体的黏度，因此，浅水波在液化层上传播时，液化层内的黏性耗散会大幅度地削弱波浪能量。基于两层流模型和半解析方法，本章将研究黏性海床土体液化对浅水波传播特性影响机理。

5.1 物理问题及其控制方程

5.1.1 控制方程

如图 5.1 所示，假设浅水波 $\eta'(x',t')$ 在水深为 h' 的水面上运动，水体之下为液化层，液化层厚度为 d'。浅水波的特征波数为 k'，特征波幅为 a'_0，特征频率 ω 为 $k'\sqrt{gh'}$，则波浪运动的控制变量可以通过如下方式进行无量纲化：

$$x = k'x',\ z = z'/h',\ t = k'\ \sqrt{gh'}t',\ \eta = \eta'/a'_0 \tag{5.1.1}$$

$$u = u'/\varepsilon\ \sqrt{gh'},\ w = \mu w'/\varepsilon\ \sqrt{gh'},\ p = p'/\rho_w g a'_0 \tag{5.1.2}$$

根据 Ng[86] 及 Liu 和 Chan[169] 的研究可知，当底层流体黏度远大于表层流体黏度时，表层流体边界层内的黏性流动对系统的能量耗散影响可以忽略。与前人研究类似，本章研究中采用势流理论描述上覆水体中的水动力特性，故水体运动的控制方程为

$$\frac{\partial u}{\partial x} + \frac{1}{\mu^2}\frac{\partial w}{\partial z} = 0 \tag{5.1.3}$$

$$\frac{\partial u}{\partial t}+\varepsilon u\frac{\partial u}{\partial x}+\frac{\varepsilon}{\mu^2}w\frac{\partial u}{\partial z}=-\frac{\partial p}{\partial x} \tag{5.1.4}$$

$$\frac{\partial w}{\partial t}+\varepsilon u\frac{\partial w}{\partial x}+\frac{\varepsilon}{\mu^2}w\frac{\partial w}{\partial z}=-\frac{\partial p}{\partial z} \tag{5.1.5}$$

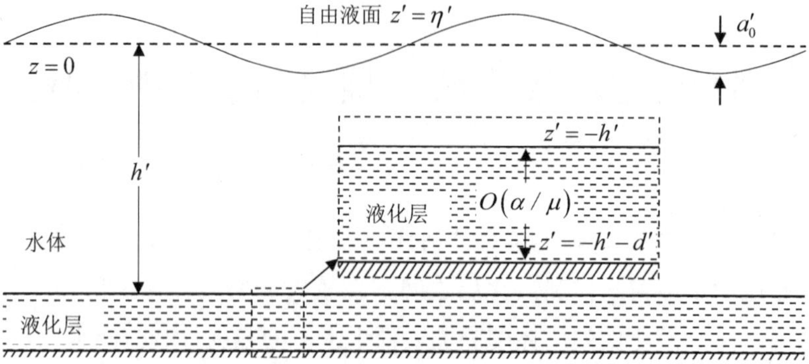

图 5.1　浅水波在液化层上运动示意图

与上覆水体类似，液化层内的流体运动速度的水平和垂直分量及压强可以无量纲化为

$$u_m=\frac{u_m'}{\varepsilon\sqrt{gh'}},\ w_m=\frac{\alpha w_m'}{\varepsilon\sqrt{gh'}},\ p_m=\frac{p_m'}{\rho_w g a_0'} \tag{5.1.6}$$

其中，u_m 和 w_m 分别表示水平和垂直方向的速度分量，p_m 表示由波浪引起的压强。将上述无量纲形式代入纳维-斯托克斯方程可得

$$\frac{\partial u_m}{\partial x}+\frac{\alpha}{\mu}\frac{\partial w_m}{\partial z}=0 \tag{5.1.7}$$

$$\frac{\partial u_m}{\partial t}+\varepsilon u_m\frac{\partial u_m}{\partial x}+\varepsilon\frac{\alpha}{\mu}w_m\frac{\partial u_m}{\partial z}=-\gamma\frac{\partial p_m}{\partial x}+\alpha^2\left(\frac{\partial^2 u_m}{\partial x^2}+\frac{1}{\mu^2}\frac{\partial^2 u_m}{\partial z^2}\right) \tag{5.1.8}$$

$$\alpha\mu\left(\frac{\partial w_m}{\partial t}+\varepsilon u_m\frac{\partial w_m}{\partial x}+\frac{\varepsilon\alpha}{\mu}w_m\frac{\partial w_m}{\partial z}\right)=-\gamma\frac{\partial p_m}{\partial z}+\alpha^3\mu\left(\frac{\partial^2 w_m}{\partial x^2}+\frac{1}{\mu^2}\frac{\partial^2 w_m}{\partial z^2}\right) \tag{5.1.9}$$

其中，γ 为水体与液化层密度之比，α^2 为雷诺数的倒数，即

$$\alpha^2=\frac{1}{Re}=\frac{k'v_m'}{\sqrt{gh'}} \tag{5.1.10}$$

式(5.1.10)中，v_m' 为液化层的运动黏滞系数。Gade[185]的现场观测结果表明，由黏土形成的淤泥层其黏度为 1 m^2/s 的量级，是纯水的 10^6 倍，Wen 和 Liu[170]指出，由松散粉砂构成的淤泥层其运动黏滞系数也达到 10^{-1} m^2/s 量级。当 $h'=10$ m、$\varepsilon=\mu^2=0.1$ 且 $v_m'=0.01$ m^2/s 时，$Re=3\times10^3$，淤泥层内的流动处于层流状态。因此，在本章研究中假定液化层内的流动为层流。

5.1.2　边界条件

受黏性影响，液化层内重密度流体的运动速度沿深度方向会快速减小，在液化层底部，流体速度与未液化土体的运动速度一致，而未液化海床土体的运动速度很小，可以忽略。另一方面，黏性液化层的组成颗粒粒径很小，土体的渗流速度很小，可以按不排水情况处理，因此，液化层底部的边界条件可以表示为

$$u_m=w_m=0,\ \frac{\partial p_m}{\partial z}=0,\ \text{当 } z=-(1+d) \tag{5.1.11}$$

在液化层和水体的交界面 η_m 上需要满足速度连续和应力连续边界条件。需要指出的是，液化层和水体的交界面是动界面，但是试验观测结果表明 η_m 与 η 之间满足 $\eta_m=\varepsilon\eta$，这与 Park 等[186]的观测结果一致。因此，交界面上的边界条件可以表示为

$$p=p_m,\ w=\alpha\mu w_m,\ \frac{\partial u_m}{\partial z}=0,\ \text{当 } z=-1 \tag{5.1.12}$$

在自由液面上，波浪运动满足自由液面动力边界条件和运动边界条件，即

$$\frac{\partial u}{\partial t}+\varepsilon u\frac{\partial u}{\partial x}+\frac{\varepsilon}{\mu^2}w\frac{\partial u}{\partial z}=-\frac{\partial \eta}{\partial x},\ \text{当 } z=\varepsilon\eta \tag{5.1.13}$$

$$\frac{\partial w}{\partial t}+\varepsilon u\frac{\partial w}{\partial x}+\frac{\varepsilon}{\mu^2}w\frac{\partial w}{\partial z}=-\frac{\partial \eta}{\partial z},\ \text{当 } z=\varepsilon\eta \tag{5.1.14}$$

$$w=\mu^2\left(\frac{\partial \eta}{\partial t}+\varepsilon u\frac{\partial \eta}{\partial x}\right),\ \text{当 } z=\varepsilon\eta \tag{5.1.15}$$

在自由液面上忽略波浪运动对自由液面上大气压强的影响，因此为了方便，假定自由液面上大气压强为零。

5.2　初边值问题的理论解

本书侧重分析常水深条件下浅水波在液化层上的传播特性，假定初始时刻

所有变量的初值为零。本小节将采用摄动方法，对上述初边值问题进行求解。

5.2.1 液化层动力分析

式(5.1.9)表明，浅水波作用下液化层内流体动力特性可以通过边界层理论进行描述。从而在垂向引入如下拉伸坐标系：

$$Z=\frac{\mu}{\alpha}(z+1) \tag{5.2.1}$$

在拉伸坐标系下，式(5.1.7)和式(5.1.8)可以表示为

$$\frac{\partial u_m}{\partial x}+\frac{\partial w_m}{\partial Z}=0 \tag{5.2.2}$$

$$\frac{\partial u_m}{\partial t}=-\gamma\frac{\partial p_m}{\partial x}+\frac{\partial^2 u_m}{\partial Z^2}+O(\varepsilon) \tag{5.2.3}$$

由式(5.1.9)可知

$$p_m(x,Z,t)=p_b(x,t)+O(\alpha\mu) \tag{5.2.4}$$

其中，p_b 为水体底部的动水压强。同时，由式(5.1.4)可知

$$\frac{\partial}{\partial x}p_b(x,t)=\frac{\partial}{\partial x}u_b(x,t) \tag{5.2.5}$$

将式(5.2.4)和式(5.2.5)代入式(5.2.3)，可得

$$\frac{\partial u_m}{\partial t}=\gamma\frac{\partial u_b}{\partial t}+\frac{\partial^2 u_m}{\partial Z^2} \tag{5.2.6}$$

通过变量代换，式(5.2.6)可以转化为一维扩散方程。采用拉普拉斯变换方法，可以对方程进行求解，结合边界条件，方程的解可以表示为

$$u_m=-\frac{2\gamma}{\bar{d}}\sum_{m=1}^{\infty}\frac{(-1)^m}{a_m}\int_0^t\frac{\partial u_b}{\partial\vartheta}\exp[-a_m^2(t-\vartheta)]\cos(a_m Z)d\vartheta \tag{5.2.7}$$

式(5.2.7)中，$\bar{d}$ 表示拉伸坐标系下液化层的厚度，a_m 为常数且定义为

$$a_m=\frac{(2m-1)\pi}{2\bar{d}} \tag{5.2.8}$$

将水平方向速度分量的解代入连续性方程(5.2.2)，并沿垂向积分可得

$$w_m = -\frac{2\gamma}{\bar{d}}\sum_{m=1}^{\infty}\frac{(-1)^m}{a_m^2}\int_0^t \frac{\partial^2 u_b}{\partial\vartheta\partial x}\exp[a_m^2(\vartheta - t)][\sin(-a_m Z) + (-1)^m]\mathrm{d}\vartheta \tag{5.2.9}$$

特别地，在液化层和水体交界面上，水平和垂直方向的速度分量分别为

$$u_m(Z=0) = -\frac{2\gamma}{\bar{d}}\sum_{m=1}^{\infty}\frac{(-1)^m}{a_m}\int_0^t \frac{\partial u_b}{\partial\vartheta}\exp[-a_m^2(t-\vartheta)]\mathrm{d}\vartheta \tag{5.2.10}$$

$$w_m(Z=0) = -\frac{2\gamma}{\bar{d}}\sum_{m=1}^{\infty}\frac{1}{a_m^2}\int_0^t \frac{\partial^2 u_b}{\partial x\partial\vartheta}\exp[-a_m^2(t-\vartheta)]\mathrm{d}\vartheta \tag{5.2.11}$$

上式表明，上覆水体运动需要考虑液化层内流动的影响，传统理论需要修正。

5.2.2 核心区的波浪运动

根据假定，核心区的流动属于势流，因此，引入速度势函数 ϕ，则流体运动的控制方程可以转化为

$$\mu^2 \nabla^2\phi + \frac{\partial^2\phi}{\partial z^2} = 0 \tag{5.2.12}$$

$$p + \frac{\partial\phi}{\partial t} + \frac{\varepsilon}{2}\left[\left(\frac{\partial\phi}{\partial x}\right)^2 + \frac{1}{\mu^2}\left(\frac{\partial\phi}{\partial z}\right)^2\right] = 0 \tag{5.2.13}$$

自由液面边界条件可以表示为

$$\eta + \frac{\partial\phi}{\partial t} + \frac{\varepsilon}{2}\left[\left(\frac{\partial\phi}{\partial x}\right)^2 + \frac{1}{\mu^2}\left(\frac{\partial\phi}{\partial z}\right)^2\right] = 0,\ \text{当}\ z = \varepsilon\eta \tag{5.2.14}$$

$$\frac{\partial\phi}{\partial z} - \mu^2\left(\frac{\partial\eta}{\partial t} + \varepsilon\frac{\partial\phi}{\partial x}\frac{\partial\eta}{\partial x}\right) = 0,\ \text{当}\ z = \varepsilon\eta \tag{5.2.15}$$

在液化层与水体交界面上，速度连续边界条件要求为

$$w(x, z=-1, t) = \alpha\mu w_m(x, Z=0, t) \tag{5.2.16}$$

式(5.2.16)表明，在两层流模型中表层流体底部垂向流速的修正值在 $O(\alpha\mu)$ 量级。对于黏性海床，若 $h' = 10\ \mathrm{m}$、$v'_m = 1\ \mathrm{m^2/s}$、$\mu^2 = 0.1$，则 $\alpha = 0.056$，若 $v'_m = 0.1\ \mathrm{m^2/s}$，则 $\alpha = 0.018$。因此，对于浅水波可以假定：

$$O(\alpha) = O(\varepsilon^2) = O(\mu^4) \tag{5.2.17}$$

假定(5.2.17)与 Liu 和 Orifila[112] 以及 Liu 和 Chan[169] 一致。在水槽试验条件

下，若 $h' = 1\ \text{m}$、$v'_m = 0.05\ \text{m}^2/\text{s}$、$\mu^2 = 0.1$，则 $\alpha = 0.07$，同样满足上述假定。

与第三章和第四章类似，按 Rayleigh 方法将速度势函数沿水深方向展开成 $(z+1)$ 的级数形式，即

$$\phi(x,z,t) = \sum_{m=0}^{\infty} (z+1)^m \phi_m(x,t) \tag{5.2.18}$$

将式(5.218)代入连续性方程(5.2.12)并整理，可得如下递推关系：

$$\phi_{m+2} = -\frac{\mu^2}{(m+1)(m+2)} \frac{\partial^2 \phi_m}{\partial x^2} \tag{5.2.19}$$

上述递推关系中，奇数项首项 ϕ_1 和偶数项首项 ϕ_0 分别满足：

$$\frac{\partial \phi_0}{\partial x} = u_b,\ \phi_1 = \alpha\mu w_m(x, Z=0, t) \tag{5.2.20}$$

将式(5.2.18)、式(5.2.19)和式(5.2.20)代入自由液面运动边界条件和动力边界条件，整理后可得

$$\frac{1}{\varepsilon}\frac{\partial H}{\partial t} + \frac{\partial (Hu_b)}{\partial x} - \frac{\mu^2}{6}\frac{\partial^3 u_b}{\partial x^3} - \frac{1}{\mu^2}\phi_1 = O(\mu^4) \tag{5.2.21}$$

$$\frac{\partial u_b}{\partial t} + \frac{1}{\varepsilon}\frac{\partial H}{\partial x} + \varepsilon u_b \frac{\partial u_b}{\partial x} - \frac{\mu^2}{2}\frac{\partial^3 u_b}{\partial x^2 \partial t} = O(\mu^4) \tag{5.2.22}$$

其中，H 表示水深，即

$$H = 1 + \varepsilon\eta + \varepsilon\eta_m = 1 + \varepsilon\eta + O(\varepsilon^2) \approx 1 + \varepsilon\eta \tag{5.2.23}$$

式(5.2.21)和式(5.2.22)即为改进的 Boussinesq 方程。由于传统 Boussinesq方程通常采用水深平均的水平速度表示，为了与前人研究保持一致，这里首先推导交界面上水质点运动速度与水深平均速度之间的关系。按照定义，水深平均的水平速度 $\bar{u}$ 可以表示为

$$\bar{u} = \frac{1}{H}\int_{-1}^{\varepsilon\eta} \frac{\partial \phi}{\partial x} dz = u_b - \frac{\mu^2}{6}\frac{\partial^2 u_b}{\partial x^2} + \mathrm{O}(\mu^4) \tag{5.2.24}$$

将式(5.2.24)代入改进的 Boussinesq 方程可得

$$\frac{1}{\varepsilon}\frac{\partial H}{\partial t} + \frac{\partial (H\bar{u})}{\partial x} - \frac{\phi_1}{\mu^2} = O(\mu^4) \tag{5.2.25}$$

$$\frac{\partial \bar{u}}{\partial t} + \frac{1}{\varepsilon}\frac{\partial H}{\partial x} + \varepsilon\bar{u}\frac{\partial \bar{u}}{\partial x} - \frac{\mu^2}{3}\frac{\partial^3 \bar{u}}{\partial x^2 \partial t} = O(\mu^4) \tag{5.2.26}$$

式(5.2.25)和式(5.2.26)即为二阶精度的改进 Boussinesq 方程。若忽略液化层内黏性流动的影响,即 $\alpha=0$,则上述方程退化为传统二阶精度的Boussinesq方程。

5.2.3　改进的 KdV 方程及其解

浅水波的演变规律通常可以通过 KdV 方程进行描述,为了推导改进的 KdV 方程,引入如下移动坐标系:

$$\phi = x - t,\ X = \varepsilon x \tag{5.2.27}$$

在移动坐标系下,式(5.2.25)和式(5.2.26)可以表示为

$$-\frac{\partial \eta}{\partial \varphi}+\frac{\partial \bar{u}}{\partial \varphi}+\varepsilon\frac{\partial \bar{u}}{\partial X}+\varepsilon\frac{\partial \bar{u}\eta}{\partial \varphi}-\frac{\phi_1}{\mu^2}=O(\varepsilon^2,\mu^4) \tag{5.2.28}$$

$$-\frac{\partial \bar{u}}{\partial \varphi}+\frac{\partial \eta}{\partial \varphi}+\varepsilon\frac{\partial \eta}{\partial X}+\varepsilon\bar{u}\frac{\partial \bar{u}}{\partial \varphi}+\frac{\mu^2}{3}\frac{\partial^3 \bar{u}}{\partial \varphi^3}=O(\varepsilon^2,\mu^4) \tag{5.2.29}$$

将式(5.2.28)与式(5.2.29)相加,可得

$$\frac{\partial \eta}{\partial X}+\frac{\partial \bar{u}}{\partial X}+\frac{\partial \bar{u}\eta}{\partial \varphi}+\bar{u}\frac{\partial \bar{u}}{\partial \varphi}+\frac{1}{3}\frac{\mu^2}{\varepsilon}\frac{\partial^3 \bar{u}}{\partial \varphi^3}-\frac{\phi_1}{\varepsilon\mu^2}=O(\varepsilon,\mu^2) \tag{5.2.30}$$

同时,由式(5.2.28)可知

$$\eta = \bar{u} + O(\varepsilon) \tag{5.2.31}$$

从而式(5.2.30)可以转化为

$$\frac{\partial \eta}{\partial X}+\frac{3}{4}\frac{\partial \eta^2}{\partial \varphi}+\frac{1}{6}\frac{\mu^2}{\varepsilon}\frac{\partial^3 \eta}{\partial \varphi^3}=\frac{1}{2\varepsilon}\frac{\phi_1}{\mu^2} \tag{5.2.32}$$

式(5.2.32)即为改进的 KdV 方程,若 $\alpha=0$,则上式退化为传统的 KdV 方程。

5.2.3.1　线性解

对于非线性且频散性都较弱的浅水波,采用形式简单的线性解描述波浪的传播特性通常可以得到较好效果。因此,将式(5.2.32)线性化,可得

$$\frac{\partial \eta}{\partial X} = \frac{\phi_1}{2\varepsilon\mu^2} \tag{5.2.33}$$

在移动坐标系下，式(5.2.33)可以表示为

$$\frac{\partial \eta}{\partial X} = \frac{\alpha\gamma}{\varepsilon\mu\bar{d}}\int_0^{\infty}\frac{\partial^2 \eta}{\partial \varphi^2}\sum_{m=1}^{\infty}\frac{1}{a_m^2}\exp(-a_m^2 q)\mathrm{d}q \tag{5.2.34}$$

对于线性长波，自由液面可以表示为

$$\eta = a_0\exp(i\mathscr{D}X)\exp(i\varphi) \tag{5.2.35}$$

将式(5.2.35)代入式(5.2.34)，可得

$$i\mathscr{D} = -\frac{\alpha\gamma}{\varepsilon\mu\bar{d}}\int_0^{\infty}\exp(iq)\sum_{m=1}^{\infty}\frac{1}{a_m^2}\exp(-a_m^2 q)\mathrm{d}q \tag{5.2.36}$$

从而浅水波波高的衰减率和相位偏移为

$$\mathscr{D}_r = -\frac{\alpha\gamma}{\varepsilon\mu\bar{d}}\int_0^{\infty}\sin(q)\sum_{m=1}^{\infty}\frac{1}{a_m^2}\exp(-a_m^2 q)\mathrm{d}q \tag{5.2.37}$$

$$\mathscr{D}_i = \frac{\alpha\gamma}{\varepsilon\mu\bar{d}}\int_0^{\infty}\cos(q)\sum_{m=1}^{\infty}\frac{1}{a_m^2}\exp(-a_m^2 q)\mathrm{d}q \tag{5.2.38}$$

由上式可知，波浪在液化层上传播时，波幅的衰减速率与液化层的厚度 $\bar{d}$ 及两层流体密度之比 γ 密切相关。图 5.2 展示了当 γ 取值为 0.4、0.6 和 0.8 时，波幅的衰减速率随液化层厚度的变化规律。

5.2.3.2 非线性解

对于非线性浅水波，液化内水平速度分量、交界面处的水平速度分量及自由液面可以通过傅里叶级数表示为

$$u_m = \frac{1}{2}\sum_{m=1}^{\infty}U_m(Z)\exp(im\varphi) + \text{c. c.} \tag{5.2.39a}$$

$$\eta = u_b + O(\varepsilon) = \frac{1}{2}\sum_{m=1}^{\infty}A_m\exp(im\varphi) + \text{c. c.} + O(\varepsilon) \tag{5.2.39b}$$

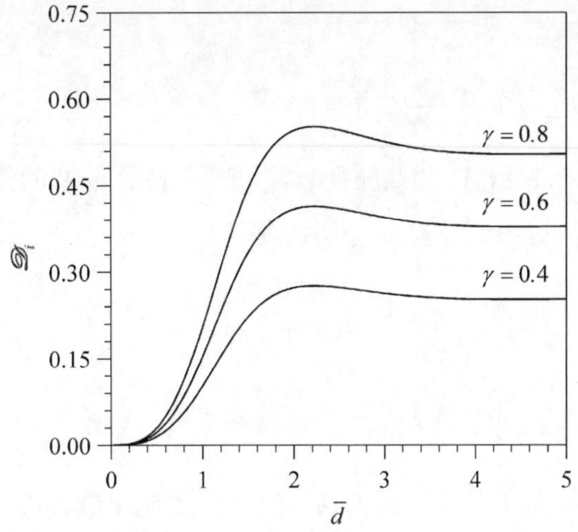

图 5.2　不同 γ 条件下波幅衰减速率的变化规律（$h'=10$ m，$\nu_m'=1$ m²/s，$\varepsilon=\mu^2=0.1$）

从而液化层内流速的水平和垂直分量分别为

$$u_m=\frac{1}{2}\sum_{m=1}^{\infty}\gamma\left[1-\frac{\cosh(\omega_m Z)}{\cosh(\omega_m \bar{d})}\right]A_m\exp(im\varphi)+\text{c. c.} \tag{5.2.40}$$

$$w_m=\frac{1}{2}\sum_{m=1}^{\infty}\gamma\omega_m^2\left(Z+\bar{d}-\frac{\sinh(\omega_m Z)+\sinh(\omega_m\bar{d})}{\omega_m\cosh(\omega_m\bar{d})}\right)A_m\exp(im\varphi)+\text{c. c.} \tag{5.2.41}$$

其中，

$$\omega_m=\sqrt{-im}=\frac{1-i}{2}\sqrt{2m} \tag{5.2.42}$$

从而，在水体与液化层交界面上：

$$\phi_1=\frac{1}{2}\sum_{m=1}^{\infty}\alpha\mu\psi_m A_m\exp(im\varphi)+\text{c. c.}，\psi_m=\gamma\omega_m^2\bar{d}-\gamma\omega_m\tanh(\omega_m\bar{d}) \tag{5.2.43}$$

将式(5.2.43)和式(5.2.39b)代入式(5.2.32)，可知各阶谐波波幅的控制方程为

$$\frac{\mathrm{d}A_m}{\mathrm{d}X}-\frac{im^3}{6}\frac{\mu^2}{\varepsilon}A_m+\frac{3im}{8}G_m=\frac{\alpha}{2\varepsilon\mu}\psi_m A_m \tag{5.2.44}$$

其中，

$$G_m = \sum_{j=1}^{\infty} 2A_j^* A_{m+j} + \sum_{j=1}^{[m/2]} \alpha_j A_j A_{m-j} \tag{5.2.45}$$

式(5.2.45)中，A_j^* 表示 A_j 的共轭复数，$[m/2]$ 表示 $m/2$ 的整数部分，α_j 为常数，若 m 是奇数，则 $\alpha_j \equiv 2$，若 m 为偶数，则

$$\begin{cases} \alpha_j = 2, & 当\ j = 1,2,\cdots,\dfrac{m}{2}-1 \\ \alpha_j = 1, & 当\ j = \dfrac{m}{2} \end{cases} \tag{5.2.46}$$

式(5.2.46)为变量 $A_m(m=1,2,3,\cdots)$ 的一阶线性常微分方程组，截断后该方程组可以通过有限差分方法进行数值求解。

5.3 理论验证

本小节将采用第二章粉砂质海床与浅水波相互作用试验测量结果对在上一小节中建立的半解析理论进行验证。粉砂质海床试验中，由于无法通过 ADV 观测液化层内流速，因此，本书主要结合试验中观测到的孔隙水压力来确定液化层的厚度，再结合半解析理论计算自由液面的空间和时间变化规律，将理论计算结果与使用浪高仪所观测到的自由液面变化规律进行比较，完成理论验证。粉砂质海床与浅水波相互作用试验中，试验组次 C12 较好地满足了 Boussinesq 近似条件，故这里选择该组次试验测量结果进行验证。

图 5.3 展示了当液化深度达到 0.27 m 时同一相位的波形经过沿程四个浪高仪时的理论计算结果和试验测量结果。同时图中也展示了 Liu 和 Chan[169] 的线性解计算结果以及传统 KdV 方程的计算结果。由图可知，传统 KdV 方程的解与试验测量结果之间存在较大误差，这主要是由于传统 KdV 方程无法考虑波浪能量沿程衰减现象；Liu 和 Chan[169] 的线性解的波幅与观测结果较为接近，波形与观测结果误差较大，这主要是由于 Liu 和 Chan[169] 的线性解中没有考虑谐波之间的相互作用。通过比较可以发现，本书的半解析解计算结果与试验结果最为吻合，这表明本书所建立的半解析理论可以较好地描述浅水波在液化层上的传播特性。

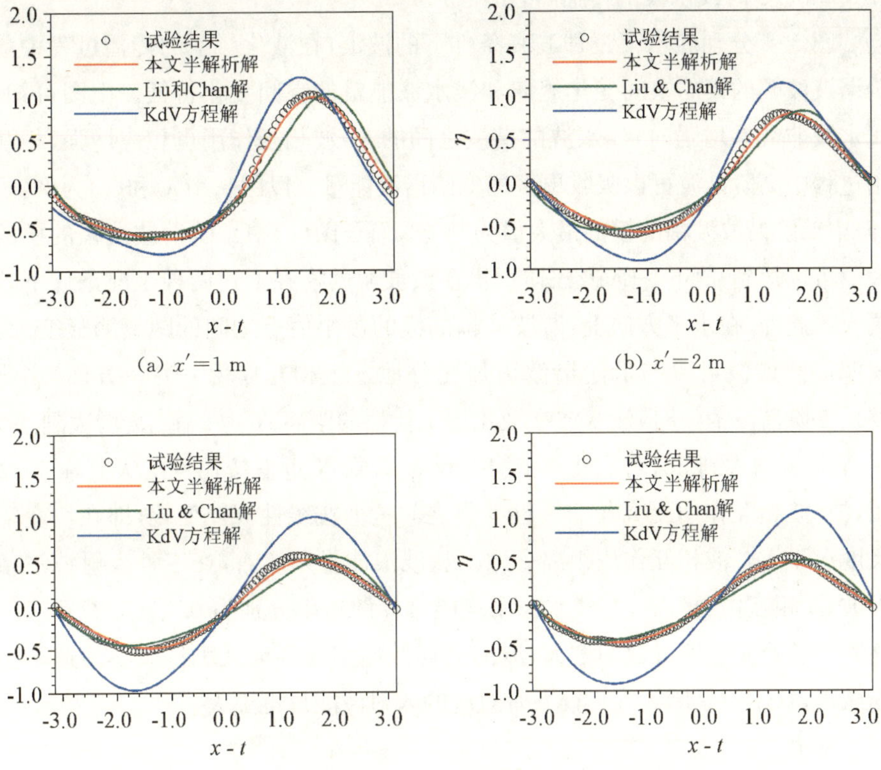

(a) $x'=1$ m　(b) $x'=2$ m

(c) $x'=3.5$ m　(d) $x'=5$ m

图 5.3　沿波浪传播方向不同位置处的波形

5.4　波浪与海床参数影响分析

本小节将采用验证后的半解析理论探讨入射波浪条件、液化层厚度及液化层内流体黏度对浅水波传播演变规律的影响。在研究中同样假定研究区域的水深为 10 m，入射波浪为浅水波并假定 $\mu^2=0.1$，水体和液化层内流体密度之比为 0.6，液化层内流体的黏度为 1 m^2/s。

5.4.1　入射波浪条件的影响

改进的浅水波模型表明，在相同厚度的液化层上，入射波浪条件会对浅水波的传播演变规律产生重要影响。为了分析黏性液化层对不同入射波浪条件的浅水波传播演变规律的影响，本书研究了在 $d'=1.5$ m 的条件下，ε 分别为 0.1、

0.15 和 0.2 时浅水波的传播特性。

图 5.4 分别展示了三种波高条件下的波浪，在液化层上的传播过程中前四阶谐波波幅的模的空间变化规律和浅水波能量的空间变化特征。由图可知，当浅水波非线性增强时，浅水波的谐波之间的波-波相互作用也相应增强，相互作用过程中高阶谐波可以吸收更多的低阶谐波能量。以图 5.4(a)和(c)为例，子图(a)中二阶谐波波幅的模的最大值为 0.48，而子图(c)中二阶谐波波幅的模的最大值可以达到 0.56；三阶及三阶以上谐波波幅的模在上述两种工况条件下差异更大。此外，在水平方向上，谐波波幅的模的极小值点之间的距离明显变大，这表明高阶谐波可以与低阶谐波更加充分地发生相互作用。另一方面，当 $\varepsilon=0.1$、二阶谐波消失时，浅水波在液化层上传播的距离 X 为 24；若 ε 增大到 0.15，则 X 相应增大到 36；若 ε 进一步增大到 0.2，则 X 近似按比例增大到 48。这表明，波-波相互作用距离与非线性参数之间近似按线性规律变化，即在快变空间尺度 x 下，波-波相互作用距离一致。从波浪能量角度看，在三种入射波浪条件下波-波相互作用阶段内，浅水波平均能量耗散速率分别为 0.31、0.27 和 0.24，这表明随着非线性参数的增大，波能的耗散速率会逐渐减小且减小的速率会逐渐减慢，这主要是因为在 ε 较大时对应的入射波能量也更大。

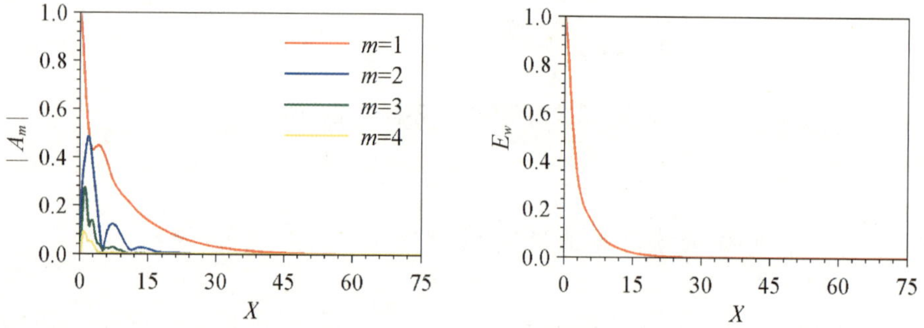

(a) ε=0.1　　(b) ε=0.1

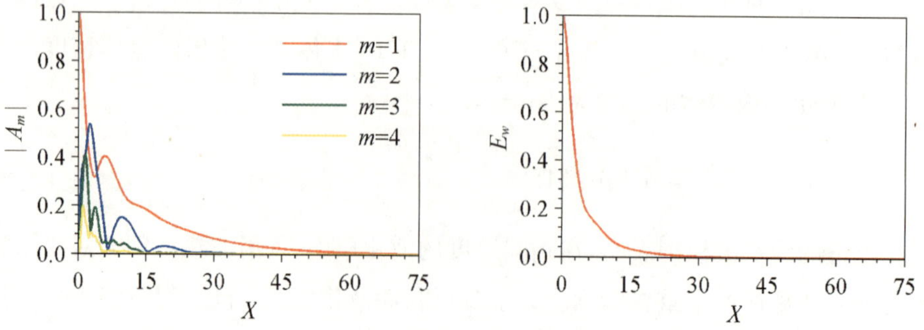

(c) ε=0.15　　(d) ε=0.15

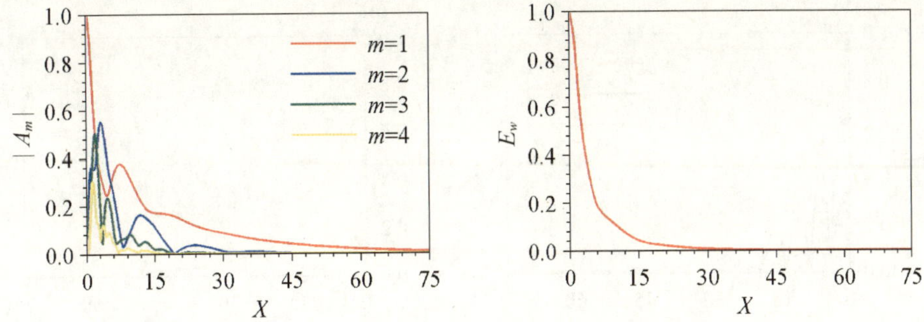

(e) ε=0.2　　(f) ε=0.2

图 5.4 不同入射波浪条件下浅水波前四阶谐波波幅及波浪能量的空间分布

5.4.2 液化层厚度的影响

波幅衰减的线性解表明，液化层厚度对线性长波波幅及波能耗散速率有着重要影响，但是浅水波中不同阶谐波所对应的能量耗散规律具有一定差异。因此，本小节将采用半解析理论方法进一步研究非线性浅水波在不同厚度的液化层上的传播演变规律，分析液化层厚度对浅水波传播特性及其能量耗散规律的影响。

图 5.5 中分别展示了当海床厚度 d 为 0.1、0.15 和 0.2 时，浅水波前四阶谐波波幅及波浪能量的空间分布规律。由图可知，液化层厚度对浅水波传播演变特性有重要影响。计算结果表明，随着海床厚度的增大，谐波能量耗散的速率都会加快，随着高阶谐波能量的耗散，谐波之间的波-波相互作用会变弱。

从能量角度分析，在三种厚度条件下浅水波谐波之间的波-波相互作用阶段内，平均能量耗散速率为 0.12、0.31 和 0.57。d 由 0.1 增大到 0.15 时，平均波浪能量耗散率增大了 0.19；而 d 由 0.15 增大到 0.2 时，平均能量耗散率增大了 0.26。这表明在随着海床厚度的增加，浅水波能量耗散速率变化呈现出非线性特征。另一方面，根据线性解可求得三种海床厚度条件下的能量衰减率分别为 0.11、0.19 和 0.41，均小于非线解计算结果，这同样表明了忽略非线性作用会低估浅水波的能量耗散，进而会对波浪预报精度产生影响。

为了进一步解释浅水波能量随海床厚度的变化特征，首先将式(5.2.44)两边同时乘以 A_m^*，再进行求和可得

$$\frac{\mathrm{d}E_w}{\mathrm{d}X}=\frac{\alpha\gamma}{\varepsilon\mu}\bar{d}\sum_{m=1}^{\infty}\mathrm{Im}\left\{m\left[1-\frac{\tanh(\omega_m\bar{d})}{\omega_m\bar{d}}\right]\right\}|A_m|^2 \tag{5.4.1}$$

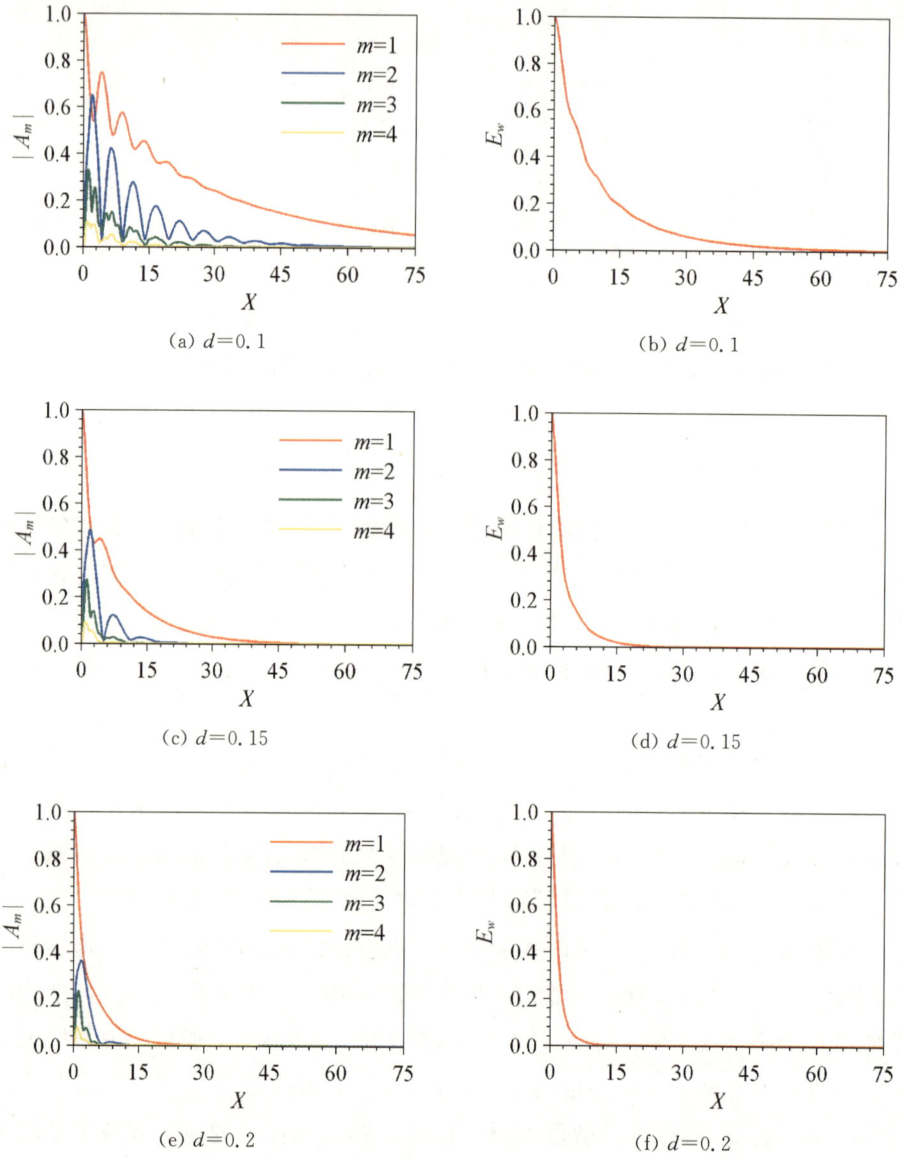

图 5.5　不同液化层厚度条件下浅水波前四阶谐波波幅及波浪能量的空间分布

由式(5.4.1)可知,波浪能量的空间分布是海床厚度 $\bar{d}$ 的函数。对于浅水波,波形和波浪能量是各阶谐波的波形和波浪能量的总和。因此,令 $|A_m|=1$ 且其他谐波的模等于零,则可得 m 阶谐波能量的空间变化规律:

$$E_w(m,X)=\exp[-\mathscr{D}_{ew}(m)X] \tag{5.4.2}$$

其中，

$$\mathscr{D}_{ew}(m) = -\frac{\alpha\gamma\bar{d}}{\varepsilon\mu}\mathrm{Im}\left\{m\left[1-\frac{\tanh(\omega_m\bar{d})}{\omega_m\bar{d}}\right]\right\} \quad (5.4.3)$$

上式表明，m 阶谐波的能量耗散速率 $\mathscr{D}_{ew}(m)$ 是液化层厚度的函数。图 5.6 分别展示了浅水波前四阶谐波能量耗散速率随液化层厚度的变化规律。由图可知，谐波能量的衰减速率随液化层厚度的增加先快速增大，但随着 $\bar{d}$ 进一步增大，$\mathscr{D}_{ew}(m)$ 的增长速度逐渐减小，当 $\mathscr{D}_{ew}(m)$ 达到最大值后会小幅度减小，最后保持不变，这也就导致了浅水波总的能量耗散速率呈现明显的非线性特征。由图还可知，高阶谐波的能量耗散速率大于低阶谐波的能量耗散速率。

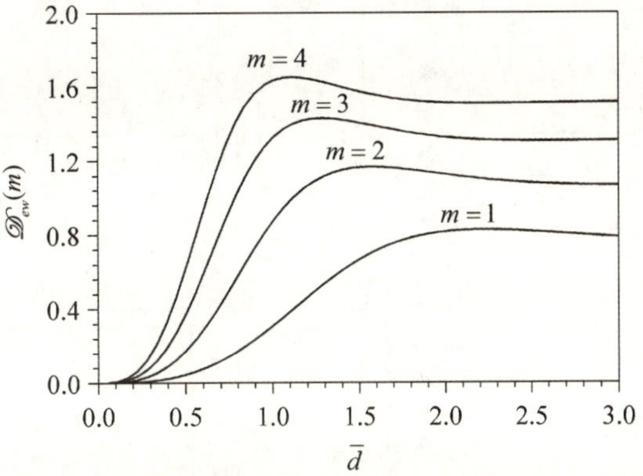

图 5.6　浅水波前四阶谐波能量衰减率与液化层厚度之间的关系
($h'=10$m, $\nu_m'=1$m^2/s, $\varepsilon=\mu^2=0.1$)

5.4.3　液化层内流体黏度的影响

液化层内流体的黏度与参数 α 的取值密切相关，α 直接影响浅水波能量的耗散速率，进而对浅水波的传播演变特性产生影响。为此，本书进一步研究了在液化层厚度 $d=0.15$ 时，液化层内流体黏度 υ_m' 为 0.01 m^2/s、0.1 m^2/s、0.25 m^2/s 和 1 m^2/s时浅水波的传播演变规律，计算中假设入射波浪条件满足 $\varepsilon=\mu^2=0.1$ 。

图 5.7 分别展示了四种黏度条件下浅水波前四阶谐波波幅的模以及波浪能量的空间变化规律。由图可知，四种黏度条件下的谐波波幅的变化规律存在较大差异。当液化层内流体黏度为 0.01 m^2/s 时，谐波波幅耗散较慢，在浅水波传播过程中波-波相互作用距离较长；而当流体黏度增大到 0.1 m^2/s、0.25 m^2/s

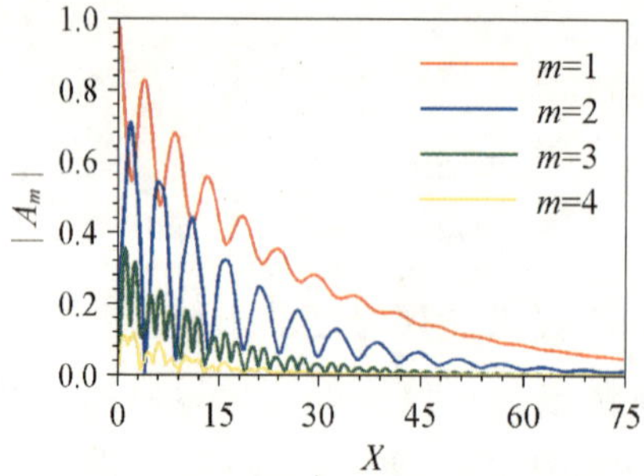

(a) v'_m=0.01 m²/s

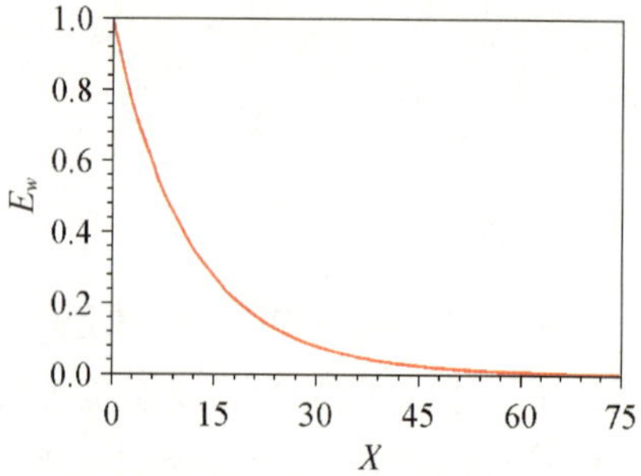

(b) v'_m=0.01 m²/s

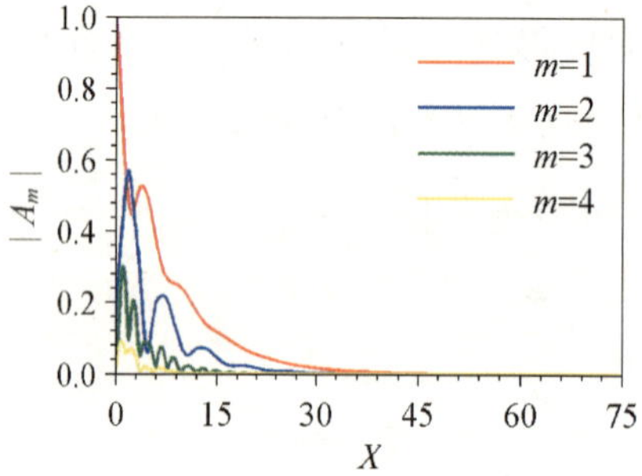

(c) v'_m=0.1 m²/s

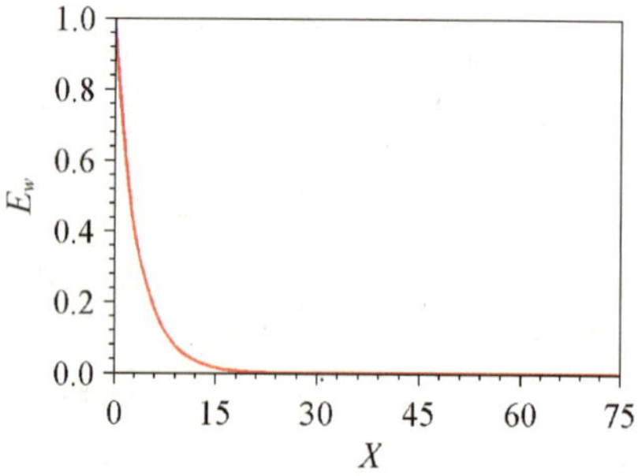

(d) v'_m=0.1 m²/s

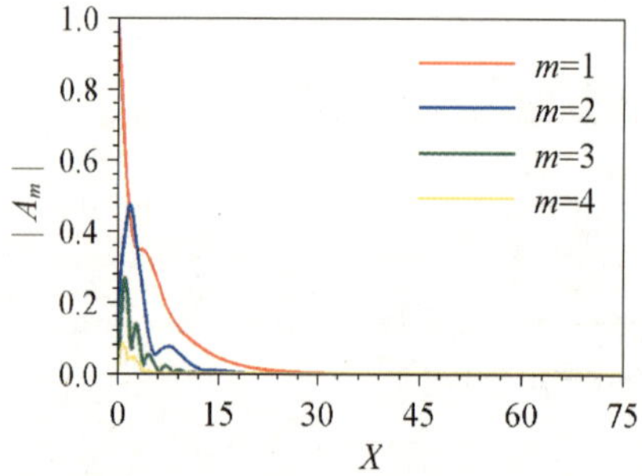

(e) v'_m=0.25 m²/s

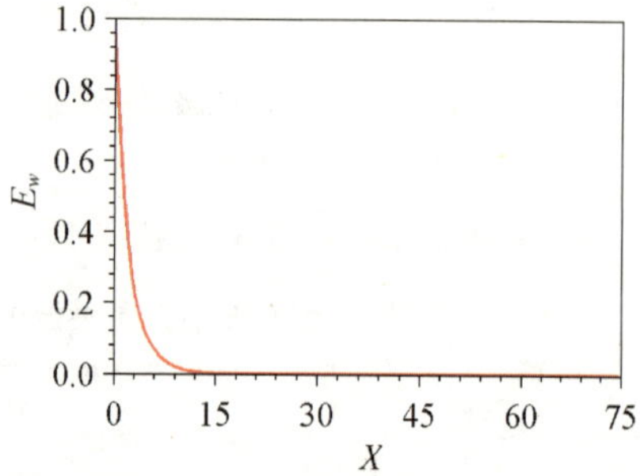

(f) v'_m=0.25 m²/s

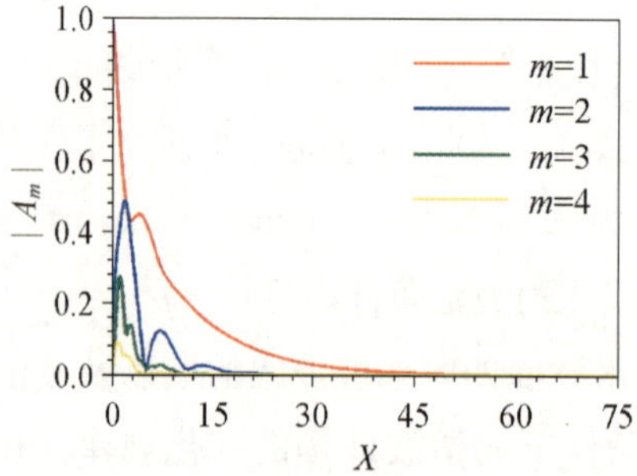

(g) v'_m=1 m²/s

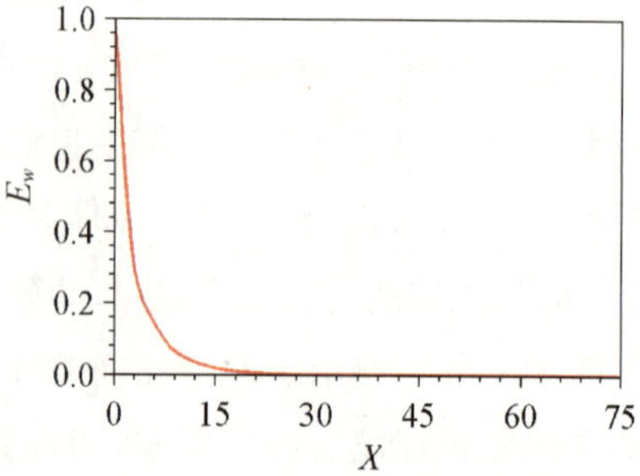

(h) v'_m=1 m²/s

图 5.7　不同黏度条件下浅水波前四阶谐波波幅及波浪能量的空间分布

和1 m^2/s时，谐波波幅的耗散速率明显加快。在黏度为 0.1 m^2/s 的情况下，波-波相互作用主要发生在 $X \in (0,24)$ 的区间范围内，当黏度增大到 0.25 m^2/s 时，波-波相互作用区间缩小至 $X \in (0,12)$ 的范围内，当流体黏度进一步增大到1 m^2/s时，波-波相互作用区间又会增大到 $X \in (0,18)$ 的范围内。

对浅水波能量变化结果进行分析可知，四种黏度条件下浅水波能量的耗散速率分别为 0.085、0.28、0.42 和 0.34。因此，随着波浪黏度的增大，浅水波能量耗散速率先增大后减小，这与线性长度能量的衰减规律总体一致(见图 5.8)。以图 5.8 为例，当 $v'_m \leqslant 0.26$ 时，波幅与波浪能的耗散率随黏度的增大而增大；但是当黏度超过 0.26 时，耗散率随黏度的增大而减小，主要是由于当黏度太大时，液化层内流速沿垂向衰减较快，液化层中下部流体对浅水波能量的耗散作用减弱。对于非线性波浪，波浪能量衰减率与谐波成分密切相关且不同阶谐波波浪能量随黏度变化的规律又具有一定差异，影响机理较线性长波更加复杂。根据线性解计算的波浪能量衰减速率分别为 0.075、0.26、0.37 和 0.19，两者之间的相对差异分别为 13%、7.7%、14%和 79%，这表明忽略非线性项的影响的计算结果可能会产生较大误差。

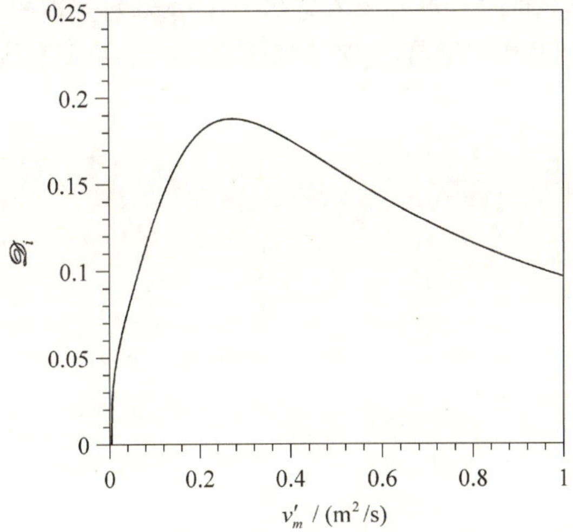

图 5.8　线性长波波幅衰减率随液化层流体黏度的变化曲线
($\varepsilon=\mu^2=0.1, d=0.15, \gamma=0.6$)

5.5　本章小结

本章基于两层流理论，建立了浅水波在液化层上传播的数学模型，通过摄动方法求解液化层内的流动特性。在此基础上，推导了浅水波运动的控制方程，在方程中考虑液化层内流动对上覆水体运动的影响，对传统 KdV 方程进行了改进，同时采用半解析方法对改进的 KdV 方程进行了求解。

研究中采用第二章浅水波与粉砂质海床相互作用试验的测量结果对本章的波面半解析理论进行验证。验证结果显示，本章的半解析理论计算结果与试验测量结果较为吻合，表明半解析理论可以较好地描述浅水波在黏性液化层上的传播特性。

基于本章所建立的半解析理论，探讨了入射波浪条件、液化层厚度和液化层内流体黏度对浅水波传播特性的影响。计算结果表明：(1) 非线性项对浅水波传播演变特性具有重要作用，忽略非线性项影响时，计算结果可能存在较大误差，甚至可能达到 79%以上；(2) 浅水波非线性越强，对应的波浪能量越大，在液化层上传播时，波-波相互作用也越剧烈，波浪能量在慢变空间尺度下的衰减速率逐渐减小；(3) 当液化层厚度较小时，浅水波能量耗散速率随液化层厚度的增大而快速增大，当液化层厚度达到一定厚度后，底部流体对波浪能量的耗散作用很小，此时，液化层厚度增加对浅水波传播特性影响较小；(4) 在液化层内流体黏度增大时，浅水波能量耗散先增大后减小，波浪能量耗散越快时，高阶谐波消失也越快，波-波相互作用越弱，忽略非线性项影响时，在高黏度条件下可能造成较大误差。

第六章

结论与展望

6.1 主要结论

本书首先基于物理试验，研究了浅水波与海床的相互作用，分析了浅水波作用下海床土体动力响应主要特征，并将现有理论计算结果与试验测量结果进行了比较，总结出现有理论存在的不足。为了进一步从理论上解析海床动力响应对浅水波传播特性的影响，在前人的研究基础上考虑了海床动力响应对波浪传播特性的影响，改进了传统浅水波模型理论，并采用半解析方法对改进的 KdV 方程进行求解，探讨了波浪条件、海床条件等因素的影响，揭示了海床动力响应对浅水波传播特性的影响机理。具体研究内容和主要结论如下。

(1) 在物理试验研究中测量了波浪与海床相互作用过程中土体内的孔隙水压力、水底边界层周围的流速和波浪传播过程中的波形，分析了不同波浪条件和不同海床条件下土体动力响应的主要特征及波形变化特征。试验结果表明，浅水波传播过程中伴随着波-波相互作用，导致浅水波形态不断发生变化，对海床土体动力响应规律有重要影响；海床土体动力响应会影响波浪传播过程中波浪能量的耗散，也对波浪传播特性产生重要影响；传统浅水波理论，如 KdV 方程，无法描述海床动力响应对波浪传播特性的影响，已有考虑了海床动力响应的解析解又并未考虑非线性影响，基于 KdV 方程和已有线性解析理论的计算结果与观测结果之间会存在较大误差。

(2) 基于势流理论、边界层理论、紊流半经验理论和渗流理论，推导了渗流影响下的浅水波理论模型，通过半解析方法对改进的 KdV 方程进行求解，分析了海床内渗流、边界层内的流速特征以及浅水波的传播演变规律，结合试验测量结果验证了半解析理论的可靠性，探讨了波浪条件、海床厚度和渗透系数对浅水波传播特性的影响。计算结果表明，随着波浪非线性的增强，渗流作用对波浪传播演变特性的影响减弱；当海床厚度增大时，渗流对浅水波的传播特性的影响开始逐渐增强，而后逐渐保持稳定；海床的渗透系数对浅水波传播演变特性的影响较为显著，浅水波能量的耗散率随渗透系数近似呈线性变化。

(3) 基于 Biot 固结理论、边界层理论、紊流半经验理论和势流理论推导了沙纹地形影响下的浅水波理论模型。模型考虑了沙纹地形对涡黏系数和水深条件的影响，改进了 Boussinesq 方程和 KdV 方程，并运用半解析理论方法求解了改进的 KdV 方程，结合试验测量结果验证了半解析理论的可信性，探讨了波浪条件和沙纹尺寸特征对浅水波传播特性的影响。研究结果表明，随着波浪非线性的增强，沙纹地形对浅水波传播特性的影响会逐渐减弱；在 $O(\lambda)=O(10)$ 和 $O(\sigma)=O(10^{-1})$ 的地形条件下，沙纹的特征高度相比于沙纹的特征长度对浅水波传播特性的影响更加显著。

(4) 基于两层流理论，建立了浅水波在液化层上传播的数学模型，通过摄动方法求解液化层内的流动特性。在此基础上，推导了浅水波运动的控制方程，方程考虑了液化层内流动对浅水波运动的影响，对传统浅水波理论进行了改进，同时采用半解析方法对改进的 KdV 方程进行了求解并结合试验测量结果验证了半解析解的合理性，基于所建立的半解析理论探讨了入射波浪条件、液化层厚度和液化层内流体黏度对浅水波传播特性的影响。研究结果表明，非线性对浅水波传播演变特性具有重要作用，忽略非线性项影响时，计算误差甚至可能达到79%以上；浅水波非线性越强，对应的波浪能量越大，波浪传播过程中波-波相互作用也越剧烈，波浪能量在慢变空间尺度下的衰减速率逐渐减小；当液化层厚度较小时，浅水波能量耗散速率随液化层厚度的增大而快速增大，当液化层厚度达到一定厚度后，底部流体对波浪能量的耗散作用很小，此时，液化层厚度的增加对浅水波传播特性的影响较小；液化层内流体黏度增大时，浅水波能量耗散先增大后减小，波浪能量耗散越快，高阶谐波消失也越快。

6.2 研究展望

浅水波与海床相互作用机制十分复杂，本书侧重于分析海床动力响应对浅水波传播特性的影响机理，通过研究获得的结论主要适用于平坦或者坡度较小的情况。在本书的基础上，未来可以对如下课题进行深入研究，以丰富浅水波与海床相互作用课题的成果。

（1）外海地形坡度范围较广，在本书的基础上可以进一步研究浅水波在斜坡海床上的传播演变规律，分析波浪在浅化过程中海床土体动力响应的主要特征及其对浅水波浅化和破碎的影响。

（2）本书着重分析了沙纹地形对浅水波传播特性的影响，试验和理论研究结果均表明，沙纹会显著改变近底流速的分布和床面剪切应力的大小，而床面剪切应力和近底流速分布对泥沙起动和输运至关重要。因此在本书的基础上，可以进一步研究沙纹地形上的波浪输沙问题，探讨沙纹地形对近岸泥沙输运的影响。

（3）本书研究的沙纹地形尺度相比于波浪尺度较小，外海中沙纹的尺度分布较广，而不同尺度沙纹对浅水波的影响机理并不相同。因此在本书的基础上，可以进一步研究不同尺度沙纹地形上浅水波的传播演变特性，分析各种尺度下沙纹地形对浅水波传播演变规律的影响机理。

参考文献

[1] Zheng J H, Chen W, Zhang C. Coastal Hydrodynamics and Morphodynamics[M]. Beijing: China Communications Press Company Limited, 2015.

[2] Mei C C, Stiassnie M, Yue D K-P. Theory and Applications of Ocean Surface Waves [M]. London: World Scientific, 2005.

[3] Knowles J, Yeh Harry. On shoaling of solitary waves[J]. Journal of Fluid Mechanics, 2018, 848: 1073-1097.

[4] Pujara N, Liu P L-F, Yeh H. The swash of solitary waves: flow evolution, bed shear stress and run-up[J]. Journal of Fluid Mechanics, 2015, 779: 556-597.

[5] Zen K, Yamazaki H. Oscillatory pore pressures and liquefaction in seabed induced by ocean waves[J]. Soils and Foundations, 1990, 30(4): 147-161.

[6] Ishihara K, Yamazaki A. Analysis of wave-induced liquefaction in seabed deposits of sand[J]. Soils and Foundations, 1984, 24(3): 85-100.

[7] Jeng D S. Mechanics of Wave-Seabed-Structure Interactions: Modeling, Processing and Applications[M]. Shanghai: Shanghai Jiao Tong University Press, 2018.

[8] 邹志利. 海岸动力学(第四版)[M]. 北京：人民交通出版社，2009.

[9] 殷宗泽. 土工原理[M]. 北京：中国水利水电出版社，2007.

[10] Sumer B M. Liquefaction around Marine Structures [M]. London: World Scientific, 2013.

[11] Macpherson H. The attenuation of water waves over a non-rigid bed[J]. Journal of Fluid Mechanics, 1980, 97: 721-742.

[12] Putnam J A. Lose of wave energy due to percolation in a permeable sea bottom[J]. Transactions, American Geophysical Union, 1949, 30(3): 349-356.

[13] Yamamoto T, Takahashi S, Schuckman B. Physical modeling of sea-seabed interactions [J]. Journal of Engineering Mechanics, 1983, 109: 54-72.

[14] De Wit P J, Kranenburg C. On the effects of a liquefied mud bed on wave and flow characteristics[J]. Journal of Hydraulic Research, 1996, 34(1): 3-18.

[15] Sawaragi T, Deguchi I. Waves on permeable layers[C]//ASCE. Proceedings of 23rd In-

ternational Conference on Coastal Engineering. 1992:1517-1530.

[16] Mathew J, Baba M, Kurian N P. Mudbanks of the southwest coast of india I: Wave characteristics[J]. Journal of Coastal Research, 1995, 11: 168-178.

[17] 叶祥凤，朱胜. 我国海洋灾害的类型、危害及对建立灾害统计体系的探索[J]. 科学咨询，2010，4：27-28.

[18] 华蕾娜. 波浪-结构物-海床耦合系统动力学研究[D]. 北京：清华大学，2009.

[19] Verruijt A. Elastic Storage of Aquifers [M]//Flow through Porous Media. New York: Academic Press, 1969.

[20] Okusa S, Uchida A. Pore-water pressure change in submarine sediments due to waves [J]. Marine Geotechnology, 1980, 4(2): 145-161.

[21] Okusa S. Measurements of wave-induced pore pressure in submarine sediments under various marine conditions[J]. Marine Geotechnology, 1985, 6(2): 119-144.

[22] Zen K, Yamazaki H. Field observation and analysis of wave-induced liquefaction in seabed[J]. Soils and Foundations, 1990, 31(4): 161-179.

[23] Clukey E C, Kulhawy F H, Liu P L F, et al. The impact of wave loads and pore-water pressure generation on initiation of sediment transport[J]. Geo-Marine Letters, 1985, 5 (3): 177-183.

[24] Tzang S Y, Ou S H. Laboratory flume studies on monochromatic wave-fine sandy bed interactions: Part 1. Soil fluidization[J]. Coastal Engineering, 2006, 53(11): 965-982.

[25] Tzang S Y, Ou S H, Hsu T W. Laboratory flume studies on monochromatic wave-fine sandy bed interactions Part 2. Sediment suspensions[J]. Coastal Engineering, 2009, 56 (3): 230-243.

[26] Tzang S Y, Chen Y L, Ou S H. Experimental investigations on developments of velocity field near above a sandy bed during regular wave-induced fluidized responses[J]. Ocean Engineering, 2011, 38(7): 868-877.

[27] Sassa S, Takayama T, Mizutani M, et al. Field observations of the build-up and dissipation of residual pore water pressures in seabed sands under the passage of storm waves [J]. Journal of Coastal Research, 2006, 39(12): 410-414.

[28] Yamamoto T. Experiments of wave-driven soil transport in clay beds[J]. Geo-Marine Letters, 1982, 2(3): 205-208.

[29] Mathew J, Baba M. Mudbanks of the southwest coast of India. II: Wave-mud interactions[J]. Journal of Coastal Research, 1995, 11(1): 179-187.

[30] Chang S C, Lin J G, Chien L K, et al. An experimental study on non-linear progressive wave-induced dynamic stresses in seabed [J]. Ocean Engineering, 2007, 34 (17): 2311-2329.

[31] 卢海斌. 波浪作用下沙质海床孔隙水压力的研究[D]. 长沙：长沙理工大学，2005.

[32] Tong L L, Zhang J S, Sun K, et al. Experimental study on soil response and wave attenuation in silt bed[J]. Ocean Engineering, 2018, 160:105-118.

[33] Tzang S Y. Unfluidized soil responses of a silty seabed to monochromatic waves[J]. Coastal Engineering, 1998, 35(4): 283-301.

[34] Kessel T V, Kranenburg C. Wave-induced liquefaction and flow of subaqueous mud layers[J]. Coastal Engineering, 1998, 34(1): 109-127.

[35] Kirca V S O, Sumer B M, Fredsøe J. Influence of Clay Content on Wave-Induced Liquefaction[J]. Journal of Waterway, Port, Coastal, and Ocean Engineering, 2014, 140(6): 04014024.

[36] Zhang J S, Sun K, Zhai Y Y, et al. Physical study on interactions between waves and a well-mixed seabed[J]. Journal of Coastal Research, 2016, 75: 198-202.

[37] Sekiguchi H, Kita K, Okamoto O. Response of poro-elastoplastic beds to standing waves[J]. Soils and Foundations, 1995, 35(3): 31-42.

[38] Sassa S, Sekiguchi H. Wave-induced liquefaction of beds of sands in a centrifuge[J]. Géotechnique, 1999, 49(5): 621-638.

[39] Kirca V S O, Sumer B M, Fredsøe J. Residual Liquefaction of Seabed Under Standing Waves[J]. Journal of Waterway, Port, Coastal, and Ocean Engineering, 2013, 139(6): 489-501.

[40] Madsen O S. The stability of a sand bed under breaking waves[C]//ASCE. Proceedings of 14th International Coference on Coastal Engineering. 1974: 776-794.

[41] Sleath J F A. Wave-induced pressures in beds of sand[J]. Journal of the Hydraulics Division, 1970, 96(2): 367-378.

[42] Nago H. Liquefaction of highly saturated sand layer under oscillating water pressure [J]. Memoirs of the School of Engineering, 1981, 16(1): 91-104.

[43] Liu P L-F, Park Y S, Lara J L. Long-wave-induced flows in an unsaturated permeable seabed[J]. Journal of Fluid Mechanics, 2007, 586: 323-345.

[44] Moshagen H, Tørum A. Wave induce pressures in permeable seabed[J]. Journal of the Waterway Harbors and Coastal Engineering Division, 1975, 101(1): 49-57.

[45] Carraro T, Goll C, Marciniak-Czochra A, et al. Pressure jump interface law for the stokes-darcy coupling: Confirmation by direct numerical simulations[J]. Journal of Fluid Mechanics, 2013, 732: 510-536.

[46] Biot M A. General theory of three-dimensional consolidation[J]. Journal of Applied Physics, 1941, 12(2): 155-164.

[47] Jeng D S. Wave-induced sea floor dynamics[J]. Applied Mechanics Review, 2003, 56

(4): 407-429.

[48] Yamamoto T, Koning H L, Sellmeijer H, et al. On the response of a poro-elastic bed to water waves[J]. Journal of Fluid Mechanics, 1978, 87(1): 193-206.

[49] Madsen O S. Wave-induced pore pressures and effective stresses in a porous bed[J]. Géotechnique, 1978, 28(4): 377-393.

[50] Okusa S. Wave-induced stress in unsaturated submarine sediments[J]. Géotechnique, 1985, 35(4): 517-532.

[51] Jeng D S, Hsu J R C. Wave-induced soil response in a nearly saturated sea-bed of finite thickness[J]. Géotechnique, 1996, 46(3):427-440.

[52] Jeng D S, Seymour B R. Response in seabed of finite depth with variable permeability [J]. Journal of Geotechnical and Geoenvironmental Engineering, 1997, 123(1): 9-19.

[53] Yuhi M, Ishida H. Simplified solutions for wave-induced response of anisotropic seabed [J]. Journal of Waterway, Port, Coastal, and Ocean Engineering, 2002, 128(1): 46-50.

[54] Zhang Y, Jeng D S, Gao F P, et al. An analytical solution for response of a porous seabed to combined wave and current loading[J]. Ocean Engineering, 2013, 57(1): 240-247.

[55] Zienkiewicz O C, Chang C T, Bettess P. Drained, undrained, consolidating and dynamic behaviour assumptions in soils[J]. Géotechnique, 1980, 30(4):385-395.

[56] Mei C C, Foda M A. Wave-induced responses in a fluid-filled poro-elastic solid with a free surface-a boundary layer theory[J]. Geophysical Journal International, 1981, 66 (3): 597-631.

[57] Madga W. On one-dimensional model of pore pressure generation in a highly saturated sandbed due to cyclic loading acting on a sand surface, I: Theoretical description and numerical approach: Internal Rerport No 5, SFB-205, TP A13[R]. Kusteningenieurwesen: University Hannover, 1990.

[58] Thomas S D. A finite element model for the analysis of wave induced stresses, displacements and pore pressures in an unsaturated seabed, I: Theory[J]. Computers and Geotechnics, 1989, 8(1): 1-38.

[59] Thomas S D. A finite element model for the analysis of wave induced stresses, displacements and pore pressures in an unsaturated seabed, II: Model verification[J]. Computers and Geotechnics, 1995, 17(1): 107-132.

[60] Gatmiri B. A simplified finite element analysis of wave-induced effective stresses and pore pressures in permeable sea bed[J]. Géotechnique, 1990, 40(1): 15-30.

[61] Raman-Nair W, Sabin G C W. Wave-induced failure of poroelastic seabed slopes: A

boundary elemnt study[J]. Proceedings of Institute of Civil Engineerings, 1991, 91(4): 771-794.

[62] Sassa S, Sekiguchi H, Miyamoto J. Analysis of progressive liquefaction as a moving-boundary problem[J]. Géotechnique, 2001, 51(10): 847-857.

[63] Liao C C, Zhao H Y, Jeng D S. Poro-elasto-plastic model for wave-induced liquefaction [C]//ASME. Proceedings of 33rd International Conference on Ocean, Offshore and Arctic Engineering. 2014: V003T010A029.

[64] Zhang J S, Tong L L, Zheng J H, et al. Effects of soil-resistance damping on wave-induced pore pressure accumulation around a composite breakwater[J]. Journal of Coastal Research, 2018, 34(3): 573-585.

[65] 徐干成，谢定义，郑颖人. 饱和砂土循环动应力应变特性的弹塑性模拟研究[J]. 岩土工程学报，1995,17(2): 1-12.

[66] Bardet J P. Bounding surface plasticity model for sands[J]. Journal of Engineering Mechanics, 1986, 112(11): 198-1217.

[67] Dafalias Y F. Bounding surface plasticity. I: Mathematical foundation and hypoplasticity [J]. Journal of Engineering Mechanics, 1986, 112(9): 966-987.

[68] Yang Q S, Poorooshasb H B. Seabed response to wave loading[C]. Proceedings of 7th International Offshore and Polar Engineering Conference. 1997: 689-695.

[69] 要明伦，聂栓林. 饱和软粘土动变形计算的一种模式[J]. 水利学报，1994, 25(7): 51-55.

[70] Poster M, Zienkiewicz O C, Chan A H C. Generalized plasticity and the modeling of soil behaviour[J]. International Journal for Numerical and Analytical Methods in Geomechanics, 1990, 14(3): 151-190.

[71] Ou J H. Three-dimensional numerical modeling of interaction between soil and pore fluid [D]. Birmingham: University of Birmingham, 2009.

[72] Seed H B, Rahman M S. Wave-induced pore pressure in relation to ocean floor stability of cohesionless soils [J]. Marine Georesources and Geotechnology, 1978, 3 (2): 123-150.

[73] 马时冬. 平台地基在波浪荷载下的循环位移和固结沉降计算[J]. 岩土力学，1991, 12 (4): 1-10.

[74] McDougal W G, Tsai Y T, Liu P L F, et al. Wave-induced pore water pressure accumulation in marine soils[J]. Journal of Offshore Mechanics and Arctic Engineering, 1989, 111(1): 1-11.

[75] 栾茂田，张晨明，王栋. 波浪作用下海床孔隙水压力发展过程与液化数值分析[J]. 水利学报，2004, 35(2): 94-100.

[76] Sumer B M, Kirca V S O, FredsøeJørgen. Experimental validation of a mathematical model for seabed liquefaction in waves[C]. Proceedings of 21st International Offshore and Polar Engineering Conference. 2011: 1010-1018.

[77] Jeng D S, Zhao H Y. Two-dimensional model for accumulation of pore pressure in marine sediments[J]. Journal of Waterway, Port, Coastal, and Ocean Engineering, 2015, 141(3): 04014042.

[78] 陈玉璞，王惠民. 流体动力学(第 2 版)[M]. 北京：清华大学出版社，2013.

[79] Jonsson I G. Wave boundary layer and friction factors[C]//ASCE. Proceedings of tenth International Conference on Coastal Engineering. 1966: 127-148.

[80] Kamphuis J W. Attenuation of gravity waves by bottom friction[J]. Coastal Engineering, 1978, 2: 111-118.

[81] Schlichting H. Boundary Layer Tayer Theory[M]. New York: MeGraw-Hill, 1979.

[82] Longuet-Higgins M S. Mass transport in water waves[J]. Philosophical Transactions of the Royal Society A: Mathematical and Physical Sciences, 1953, 245(903): 535-581.

[83] LiuP L-F. Damping of water waves over a porous bed[J]. Journal of Hydraulic Division, ASCE, 1973, 99: 2263-2271.

[84] Liu P L-F. Mass transport in water waves propagated over a permeable bed[J]. Coastal Engineering, 1977, 1: 79-96.

[85] Liu P L-F, Davis M H, Downing S. Wave-induced boundary layer flows above and in a permeable bed[J]. Journal of Fluid Mechanics, 1996, 325: 195-218.

[86] Ng C O. Water waves over a muddy bed: a two-layer Stokes' boundary layer model[J]. Coastal Engineering, 2000, 40: 221-242.

[87] Ng C O. Mass transport and set-ups due to partial standing surface waves in a two-layer viscous system[J]. Journal of Fluid Mechanics, 2004, 520: 297-325.

[88] Lin C C. On the development of turbulence[D]. Cambridge: Massachusetts Institute of Technology, 1944.

[89] Launder B E, Spalding D. The Numerical Computation of Turbulent Flows[J]. Computer Methods in Applied Mechanics Engineering, 1974, 3: 269-289.

[90] Menter F R. Two-equation eddy-viscosity turbulence models for engineering applications [J]. AIAA Journal, 1994, 32(8):1598-1605.

[91] Speziale C G, Sarkar S, Gatski T B. Modelling the pressure-strain correlation of turbulence: an invariant dynamical systems approach[J]. Journal of Fluid Mechanics, 1991, 227: 245-272.

[92] Zhang J S, Jeng D S, Liu P L-F. Numerical study for waves propagatingover a porous seabed around a submerged permeable breakwater: PORO-WSSIII model[J]. Ocean En-

gineering, 2011, 38(7): 954-966.

[93] Zhang J S, Jeng D S, Liu P L-F, et al. Response of a porous seabed towater waves over permeable submerged breakwaters with Bragg reflection[J]. Ocean Engineering, 2012, 43(2): 1-12.

[94] Zhang J S, Zhang Y, Jeng D S, et al. Numerical simulation of wave-current interaction using a RANS solver[J]. Ocean Engineering, 2014, 74:157-164.

[95] Teles M J, Pires-Silva A A, Benoit M. Numerical modelling of wave current interactions at a local scale[J]. Ocean Modelling, 2013, 68: 72-87.

[96] 章梓雄，董曾南. 粘性流体力学(第2版)[M]. 北京：清华大学出版社，2011.

[97] Lin P Z,Liu P L-F. A numerical study of breaking waves in the surf zone[J]. Journal of Fluid Mechanics, 1998, 359(1): 239-264.

[98] HsuTJ, SakakiyamaT, Liu PL-F. A numerical model for wavemotions and turbulence flows in front of a composite breakwater. Coastal Engineering, 2002, 46(1): 25-50.

[99] Yuan J, Madsen O S. Experimental study of turbulent oscillatory boundary layers in an oscillating water tunnel[J]. Coastal Engineering, 2014, 89: 63-84.

[100] Stenvens R, Wilczek M, Meneveau C. Large-eddy simulation study of the logarithmic law for second and higher-order moments in turbulent wall-bounded flow[J]. Journal of Fluid Mechanics, 2014, 757: 888-907.

[101] Grant W D, Madsen O S. Combined wave and current interaction with a rough bottom [J]. Journal of Geophysical Research, 1979, 84(C4): 1797-1808.

[102] Trowbridge J, Madsen O S. Turbulent Wave Boundary layers: 1. Model formulation and first-order solution[J]. Journal of Geophysical Research, 1984, 89(C5): 7989-7997.

[103] Trowbridge J, Madsen O S. Turbulent Wave Boundary layers: 2. Second-order theory and mass transport[J]. Journal of Geophysical Research, 1984, 89(C5): 7999-8007.

[104] Davies A G. A model of oscillatory rough turbulent boundary layer flow[J]. Estuarine, Coastal and Shelf Science, 1986, 23: 353-374.

[105] Yuan J, Madsen O S. Experimental and theoretical study of wave-current turbulent boundary layers[J]. Journal of Fluid Mechanics, 2015, 765: 480-523.

[106] Prandtl L. Essentials of Fluid dynamics[M]. London: Blackie, 1952.

[107] Liu P L-F. Turbulent boundary-layer effects on transient wave propagation in shallow water[J]. Proceedings of the Royal Society A: Mathematical, Physical and Engineering Science, 2006, 462(2075): 3481-3491.

[108] Kamphuis J W. Friction factors under oscillatory waves[J]. Journal of Waterway, Harbours and Coastal Engineering Division, ASCE, 1975, 101: 135-144.

[109] Swart D H. Offshore sediment transport and equilibrium beach profiles[J]. Civil Engineering and Geosciences, 1974, 68: 1107-1121.

[110] Nielson P. Coastal bottom boundary layers and sediment transport[M]. Singapore: World Scientific Publishing, 1992.

[111] Campbell L, Donoghue T, Ribberink J. Wave boundary layer velocities in oscillatory sheet flow[J]. Coastal Engineering, 2006, 79: 2207-2219.

[112] Liu P L-F, Orfila A. Viscous effects on transient long-wave propagation[J]. Journal of Fluid Mechanics, 2004, 520: 83-92.

[113] Umeyama M. Reynolds stresses and velocity distributions in a wave-current coexisting environment[J]. Journal of Waterway, Port, Coastal, and Ocean Engineering, 2005, 131(5): 203-212.

[114] Simarro G, Orfila A, Liu P L-F. Bed-shear stress in turbulent wave-current boundary layers[J]. Journal of Hydraulic Engineering, 2008, 134(2): 225-230.

[115] Sleath J F A. Turbulent oscillatory flow over rough beds[J]. Journal of Fluid Mechanics, 1987, 182: 369-409.

[116] Manes C, Poggi D, Ridolfi L. Turbulent boundary layers over permeable walls: scaling and near-wall structure[J]. Journal of Fluid Mechanics, 2011, 687: 141-170.

[117] Dalwadi M, Chapman S J, Waters S L, et al. On the boundary layer structure near a highly permeable porous interface[J]. Journal of Fluid Mechanics, 2016, 798: 88-139.

[118] Efstathiou C, Luhar M. Mean turbulence statistics in boundary layers over high-porosity foams[J]. Journal of Fluid Mechanics, 2018, 841: 351-379.

[119] Lamb M P, Brun F, Fuller B M. Hydrodynamics of steep streams with planar coarse-grainedbeds: Turbulence, flow resistance, and implications forsediment transport[J]. Water Resources Research, 2017, 53: 2240-2263.

[120] Bose S K, Dey S. Instability theory of sand ripples formed by turbulent shear flows[J]. Journal of Hydraulic Engineering, 2012, 138(8): 752-756.

[121] Hurther D, Thorne P D. Suspension and near-bed load sediment transport processes above a migrating, sand-rippled bed under shoaling waves[J]. Journal of Geophysical Research, 2011, 116: C07001.

[122] Becker J M, Firing Y L, Aucan J, et al. Video-based observations of nearshore sand ripples and ripple migration[J]. Journal of Geophysical Research Oceans, 2007, 112: C01007.

[123] Nelson T R, Voulgaris G. Temporal and spatial evolution of wave-induced ripple geometry: Regular versus irregular ripples[J]. Journal of Geophysical Research: Oceans,

2014，119：664-688.

[124] Charru F，Hinch E J. Ripple formation on a particle bed sheared by a viscous liquid. Part 2. Oscillating flow[J]. Journal of Fluid Mechanics，2006，550：123-137.

[125] Blondeaux P. Sand ripples under sea waves. Part 1. Ripple formation[J]. Journal of Fluid Mechanics，1990，218：1-17.

[126] Blondeaux P. Mechanics of coastal forms[J]. Annual Review of Fluid Mechanics，2001，33：339-370.

[127] Mogridge G R，Davies M H，Willis D H. Geometry prediction for wave-generated bedforms[J]. Coastal Engineering，1994，22：255-286.

[128] Vongvisessomjai S. Oscillatory Ripple Geometry[J]. Journal of Hydraulic Engineering，1984，110(3)：247-266.

[129] Wiberg P L，Harris C K. Ripple geometry in wave-dominated environments[J]. Journal of Geophysical Research：Oceans，1994，99(C1)：775-789.

[130] Donoghue T，Clubb G S. Sand ripples generated by regular oscillatory flow[J]. Coastal Engineering，2001，44：101-115.

[131] Nielsen P. Dynamics and geometry of wave-generated ripples[J]. Journal of Geophysical Research：Oceans，1981，86 (C7)：6467-6472.

[132] Wang D X，Yuan J. Geometric characteristics of coarse-sand ripples generated by oscillatory flows：A full-scale experimental study[J]. Coastal Engineering，2019，147：159-174.

[133] 程永舟，王永学，蒋昌波，等. 浅水非线性波作用下沙纹床面底层流动特性试验研究[J]. 水科学进展，2007，18(6)：801-806.

[134] 张向东，蔡琼，厉凯，等. 沙纹床面涡量特性试验研究[J]. 人民长江，2015，46(23)：64-68.

[135] 周志博，张庆河，张金凤. 沙纹床面振荡流边界层的三维格子玻尔兹曼模拟研究[J]. 天津大学学报(自然科学与工程技术版)，2019，52(4)：430-439.

[136] 及春宁，刘丹青，许栋. 基于颗粒离散元的沙纹演变大涡模拟研究[J]. 力学学报，2015，47(4)：613-623.

[137] Önder A，Yuan J. Turbulent dynamics of sinusoidal oscillatory flow over a wavy bottom[J]. Journal of Fluid Mechanics，2019，858：264-316.

[138] Packwood A R，Peregrine D H. Loss of water wave energy due to percolation in a permeable sea bottom[J]. Coastal Engineering，1980，3：221-242

[139] Liu P L-F. Model equations for wave propagations from deep to shallow water[M]. Singapore：World Scientific，1994.

[140] Wei G，Kirby J T. A time-dependent numerical code for extended Boussinesq equations

[J]. Journal of Waterway, Port, Coastal and Ocean Engineering, 1995, 121: 251-261.

[141] Madsen P, Schäffer H A. Higher-order Boussinesq-type equations for surface gravity waves: derivation and analysis[J]. Philosophical Transactions of the Royal Society A, 1998, 1749: 3123-3181.

[142] Gobbi M, Kirby J T. Wave evolution over submerged sills: tests of a higher-order Boussinesq model[J]. Coastal Engineering, 1999, 37: 57-96.

[143] Fuhrman D R, Fredsøe J, Sumer B M. Bed slope effects on turbulent wave boundary layers: 1. Model validation and quantification of rough-turbulent results[J]. Journal of Geophysical Research, 2009, 114: C03024.

[144] Higuera P, Liu P L-F, Lin C, et al. Laboratory-scale swash flows generated by a non-breaking solitary wave on a steep slope[J]. Journal of Fluid Mechanics, 2018, 847: 186-227.

[145] Hsiao S C, Liu P L-F, Chen Y Z. Nonlinear water waves propagating over a permeable bed[J]. Proceedings of the Royal Society A-Mathematical Physical and Engineering Sciences, 2002, 458: 1291-1322.

[146] Putnam J A. Lose of wave energy due to percolation in a permeable sea bottom[J]. Transactions, American Geophysical Union, 1949, 30(3): 349-356.

[147] Reid R O, Kajiura K. On the damping of gravity waves over a permeable sea bed[J]. Transactions, American Geophysical Union, 1957, 38(5): 662-666.

[148] Batchelor G K. Transport properties of two-phase materials with random structure[J]. Annual Review of Fluid Mechanics, 1974, 6: 227-255.

[149] Dagan G. The generalization of darcy's law for nonuniform flows[J]. Water Resources Research, 1979, 15:1-7.

[150] Liu P L-F, Dalrymple R A. The damping of gravity water-waves due to percolation[J]. Coastal Engineering, 1984, 8: 33-49.

[151] Ye J H, Jeng D S, Liu P L F, et al. Breaking wave-induced response of composite breakwater and liquefaction in seabed foundation[J]. Coastal Engineering, 2014, 85(1): 72-86.

[152] Zhao H Y, Jeng D S. Numerical study of wave-induced soil response in a sloping seabed in the vicinity of a breakwater[J]. Applied Ocean Research, 2015,51: 204-221.

[153] Macpherson H. The attenuation of water waves over a non-rigid bed[J]. Journal of Fluid Mechanics, 1980, 97: 721-742.

[154] Ng C O, Zhang X Y. Mass transport in water waves over a thin layer of soft viscoelastic mud[J]. Journal of Fluid Mechanics, 2007, 573: 105-130.

[155] Mei C C, Krotov M, Huang Z H, et al. Short and long waves over a muddy seabed [J]. Journal of Fluid Mechanics, 2010, 643: 33-58.

[156] Garnier E I, Huang Z H, Mei C C. Nonlinear long waves a muddy beach[J]. Journal of Fluid Mechanics, 2013, 718: 371-397.

[157] Jiang F, Mehta A J. Mudbanks of the southwest coast of India. Part IV. Mud viscoelastic properties[J]. Journal of Coastal Research, 1995, 11(3): 918-926.

[158] Coussot P. Mud Flow Rheology and Dynamics[M]. Bakema: World Scientific, 1997.

[159] Wan Z H, Wang Z Y. Hyper Concentrated Flow [M]. Bakema: World Scientific, 1994.

[160] Mei C C, Liu K F. A Bingham-plastic model for muddy seabed under long waves[J]. Journal of Geophysical Research, 1987, 92(C13-14): 581-594.

[161] Chan I C, Liu P L-F. Responses of Bingham-plastic muddy seabed to a surface solitary wave[J]. Journal of Fluid Mechanics, 2009, 618: 155-180.

[162] Park Y S, Liu P L-F. Oscillatory pipe flows of a yield-stress fluid[J]. Journal of Fluid Mechanics, 2010, 658: 211-228.

[163] Qi W G, Gao F P. Physical modeling of local scour development around a large-diameter monopile in combined waves and current[J]. Coastal Engineering, 2014, 83: 72-81.

[164] Carstensen S, Sumer B M, Fredsøe J. Coherent structures in wave boundary layers. Part 1 Oscillatory motion[J]. Journal of Fluid Mechanics, 2010, 646: 169-206.

[165] Sumer B M, Jensen P M, Sørensen L B, et al. Coherent structures in wave boundary layers. Part 2. Solitary motion[J]. Journal of Fluid Mechanics, 2010, 646: 207-231.

[166] Tan W K, Yuan J. Experimental study of sheet-flow sediment transport under nonlinear oscillatory flow over a sloping bed[J]. Coastal Engineering, 2019, 147: 1-11.

[167] Sumer B M, Hatipoglu F, Fredsøe J, et al. The sequence of sediment behaviour during wave-induced liquefaction[J]. Sedimentology, 2006, 53(3): 611-629.

[168] Bryant P. Periodic waves in shallow water[J]. Journal of Fluid Mechanics, 1976, 59: 625-644.

[169] Liu P L-F, Chan I C. On long-wave propagation over a fluid-mud seabed[J]. Journal of Fluid Mechanics, 2007, 579: 467-480.

[170] Wen J, Liu P L-F. Effects of Seafloor Conditions on Water Wave Damping[M]// Tyvand P A. Free Surface Flows with Viscosity. London: Computational Mechanics Publications, 1998.

[171] Mei C C, Liu P L-F. The damping of surface gravity waves in a bounded liquid[J]. Journal of Fluid Mechanics, 1973, 59: 239-256.

[172] Liu B, Jeng D-S. Laboratory study for pore pressure in sandy bed under wave loading [J]. Ocean Engineering, 2013,106(2): 1432-1437.

[173] Liu B, Jeng D S, Ye G L, et al. Laboratory study for pore pressures in sandy deposit under wave loading[J]. Ocean Engineering, 2015, 106: 207-219.

[174] Hsu J R C, Jeng D-S. Wave-induced soil response in an unsaturated anisotropic seabed of finite thickness[J]. International Journal for Numerical & Analytical Methods in Geotechanics, 1994, 18(11): 785-807.

[175] Liu P L-F, Park Y S, Cowen E A. Boundary layer flow and bed shear stress under a solitary wave[J]. Journal of Fluid Mechanics, 2007, 574: 449-463.

[176] Lin P Z, Chen D D, Tang X C, et al. Bed shear stress and turbulence characteristic under unsteady flows[J]. Journal of Hydro-environment Research, 2018, 21: 1-20.

[177] Grataloup G, Mei C C. Localization of harmonics generated in nonlinear shallow water waves[J]. Physical Review E, 2003, 68: 02634.

[178] Doucette J S, O'Donoghue T. Response of sand ripples to change in oscillatory flow [J]. Sedimentology, 2006, 53: 581-596.

[179] Yuan J, Wang D X. Experimental investigation of total bottom shear stress for oscillatory flows over sand ripples[J]. Journal of Geophysical Research: Oceans, 2018, 123: 6481-6502.

[180] Mei C C, Foda M A. Wave-induced respones in a fluid-filled poro-elastic solid with a free surface-a boundary layer theory[J]. Geophysical Journal of the Royal Astronomical Society, 1981, 66(3):597-631.

[181] Kudella M, Oumeraci H, Groot M B D, et al. Large-scale experiments on pore pressure generation underneath a caisson breakwater[J]. Journal of Waterway, Port, Coastal and Ocean Engineering, 2006, 132(4): 310-324.

[182] Sleath J F A. Velocities and shear stresses in wave-current flows[J]. Journal of Geophysical Research, 1991, 96(C8): 15237-14244.

[183] Mei C C. Resonant reflection of surface water waves by periodic sandbars[J]. Journal of Fluid Mechanics, 1985, 152: 315-335.

[184] Kirby J. Current effects on resonant reflection of surface water waves by sand bars[J]. Journal of Fluid Mechanics, 1988, 186: 501-520.

[185] Gade H G. Effects of non-rigid, impermeable bottom on plane surface waves in shallow water[J]. Journal of Marine Research, 1958, 16: 61-82.

[186] Park Y S, Liu P L-F, Clark S J. Viscous flows in a muddy seabed induced by a solitary wave[J]. Journal of Fluid Mechanics, 2008, 598: 383-392.